U0397726

诗话数学

梁进 著

上海科技教育出版社

科 学 之 美　人 文 之 思

Contents

目 录 ●

前言

我的诗数情缘

●

我很小就开始在祖父的指导下读写古体诗词、做灯谜，尽管在那"口号"的年代，诗歌灯谜都是没有土壤的。因此，我很早就对格律比较熟悉，也喜欢在约束下发现不同组合的文字美感。我读诗填词做灯谜没有任何功利目的，只是觉得好玩。暑假里我常去祖父祖母家做客，曾写过一首七绝：

且喜重逢恨别离，恨离正喜有逢期。
无别何喜何来恨，再喜还生再恨时。

那时的我不懂什么叫永别，直到后来我在国外，祖父祖母相继离世，我都未能赶回送行。回读这首诗我才知道少时的天真，有种别离是一种绵绵无绝期的恨。

后来我去研究数学，在研究过程中常常也能体会到类似于诗歌的那种内在美。现在看儿时的那首诗，虽然稚嫩，却有种对偶映射、循环周期的情调，很有数学味。再后来，我学习了英文，也开始研读英文诗，并发现了英文诗中的美丽天地。我在英文哲理诗中找到了共鸣，并用我数学的眼光去欣赏，也收获一些心得。我觉得诗歌要吟诵，尤其要用原文吟诵，才能体会其中韵律和意境原汁原味的美。当然，了解英文诗歌产生的文化背景是欣赏它的前提，而这点是大多数中国读者的短板。

诗歌是用高度凝练的文字，通过一定的韵律和文学手段，表达作者情感、社会生活和哲理的一种抒情言志的文学体裁。简单地说，用言语表达的韵律艺术就是诗歌。优秀的诗歌是脍炙人口、流传百世的。相对之下，数学的发展有着自己严谨而苛刻的轨迹，似乎不容诗歌那种飘逸和洒脱的风格。但从另一个角度来看，数学和诗歌虽然各有自己的天地，却都要求抽象、创新和想象。我在分析绘画与数学的关系时曾说过，艺术和数学是高维联通的，诗歌是艺术的一部分，所以诗歌与数学也是高维联通的。绘画和雕塑是空间的艺术，音乐和诗歌是时间的艺术，它们各自施展的领域虽然不同，但绘画和雕塑也一直试图表达时间，音乐和诗歌也一直在拓展自己的空间，而编织这些关系的正是数学。

数学是理性思维和想象的结合，是研究数量、结构、变化及空间关系的一门学科。它以其精致的严谨性、高度的抽象性为人们津津乐道，却很少有人关注它"美"的一面。其实，数学在自然中，在生活中，在想象中，也在未知中，当然还在诗歌中。在古今中外，在汗牛充栋、千姿百态的诗歌中，处处都可以看到数学的身影。本书所关注的数学之美，主要指其与诗歌的高维联通性。

数学除了与诗歌的特点有所共鸣之外，其自身所包含的"妙趣横生的数字"，"富有思辨性的逻辑推理"，"千变万化的几何状态"，"无限延伸的空间时间"，乃至"寓意深远的数学理念及思维"，都是诗歌中常常出现的元素与话题。用数学的眼光去欣赏诗歌，用诗歌的语言来解析数学，读者自然会发现，看似处于不同轨道的数学与诗歌竟如此"契合"，别有一番风味。

我在同济大学开设"数学和艺术"的课程，讲绘画与数学的关系，也讲诗歌和数学的关系，课程很受欢迎。为此，我把课程中涉及诗歌的内容整理成了本书。其实市面上已有些书在讨论诗歌中的数学，但与它们不同的是，我更多的是立足于数学去看诗歌，希望用数学的诠释，让读者能够领略到浪漫的诗歌背后所蕴含的理性，品味艺术与科学共通之美。

本书还收集了大量外文诗歌，特别是英文诗歌，毕竟数学在西方的发展更有历史。诗歌是非常依赖语言的，其美感不能和语言分离。所以各种文字的诗歌都有其独特的特点，许多人甚至认为诗歌是不能被翻译的。著名诗人雪莱在《为诗一辩》（*A Defence of Poetry*）一书中也表示，译诗是徒劳无益的，把一个诗人的创作从一种语言译成另一种，其聪明程度不亚于把一朵紫罗兰投入坩埚，企图由此探索它的色泽和香味的构造原理。多数优秀译文可以译出原诗的"意味"，但"韵味"或多或少也会损失些。尽管翻译会有伤诗的韵味，但我还是选择了一些优秀的译文，连同外文原诗及我的解读一起呈现给读者。

因为我的英语略好于其他语种，对英语诗歌就读得相对多些，所以这本书收集的外文诗歌多数是英文诗歌，少量为德语、俄语、法语、葡语诗歌。有些著名诗人的诗，是用孟加拉语或波斯语的小语种写就的，我只能读到其英译诗。读不到或读不懂原文固然是遗憾，但退而求其次地读英文译本总好过与这些优秀诗歌擦肩而过。当然我的阅读量也很有限，肯定还有很多数学意味隽永的诗没有提到，希望以后进一步学习并有机会可以增补。

2019.1

诗歌是一种有着悠久传统的文学形式，有人称诗歌乃文学之祖、艺术之根。无论古今中外，那些意象优美、含蕴隽永的诗歌，总是受到人们的喜爱，广为传颂。

在中国，诗歌的历史可谓源远流长。中国最早的诗歌总集是《诗经》，共收集了西周初年至春秋中叶（公元前 11 世纪至前 6 世纪）305 篇诗歌。战国时期，楚国华夏族和百越族语言逐渐融合，诗歌集《楚辞》突破了《诗经》的形式限制，更能体现南方语言的特点。

到了汉代，为了配音乐演唱，形成了乐府诗。而这种称为"曲"、"辞"、"歌"、"行"等的乐府诗都是古体诗。三国时期，以建安文学为代表的诗歌汲取了乐府诗的营养，为后来的格律更严谨的近体诗奠定了基础。唐朝时期，中国诗歌出现了绝句和律诗，其中律诗的声韵、平仄、对仗都有严格规定。唐诗的形式和风格多样，把我国古曲诗歌的音节和谐、文字精练的艺术特色，推到前所未有的高度。

始于唐而盛于宋的词，是诗歌的一种重要变体。词的格式要依从一些固定的词牌，以便于配以乐曲演唱，例如《满江红》、《西江月》和《十六字令》等。唐代是诗的时代，宋代是词的时代，流传至今的中国古典诗词，很多都是这段时期的优秀作品。

现代诗歌又称新诗，是指"五四运动"以后出现的新诗体。有别于古典诗歌的是，现代诗歌顺应时代要求，以白话语言反映现实生活，形式更为自由，可不拘于格律。

西方的诗歌历史同样悠远。公元前 8 世纪到前 6 世纪是古希腊历史上的"黄金时期"，在这一时期出现的古希腊诗歌首次把诗歌从口头形式变成了书写形式。古希腊人几乎发展出了西方诗歌的所有固定格式诗体，如颂歌诗体、史诗体、抒情诗体等，著名的《荷马史诗》（*Homeric Hymns*）就是史诗体诗歌的代表作品。在 5 至 15 世纪的中世纪里，以宗教内容为主题的圣经诗歌占据了主要位置。14 世纪文艺复兴后，诗歌也迎来了又一个高峰，意大利诗人但丁的《神曲》（*Divine Comedy*）成为西方文学的又一座里程碑。之后，古典主义、浪漫主义、唯美主义等不断兴起，

使西方诗歌进入了一个群星璀璨、百花争艳的局面。

诗歌被誉为一个民族文化的结晶。诗歌虽然依赖于语言，却不会在任何一种语言里缺席，只是表达的方式不同。由于中西方的文化差异和所使用文字的不同特点，西方诗歌与中国传统诗歌在表现形式方面有着明显的差异，但两者之间也有着许多有趣的共通与相似之处，后面我们还会时有提及。

那么，什么是诗歌？

古往今来，人们对诗的定义众说纷纭。我国古代文论家对诗的本质特征的认识是"诗言志"。现代散文家、诗人朱自清（1898—1948）在《诗言志辩》中称："诗言志是中国诗论的开山纲领。"这三个字作为理论术语第一次出现，是在《尚书·尧典》中："诗言志，歌永言，声依永，律和声。"类似地，还有《庄子·天下篇》说："诗以道志。"《荀子·儒效》篇云："《诗》言是其志也。"由此可见其在我国诗史上的重要地位。

然而，"诗言志"虽然清楚地表达了诗歌的作用，但它却远远不能涵盖诗歌的全部，如诗歌中所体现的美感、音韵、思想等。美国学者韩德（T. W. Hunt）在《文学概论》（*Literature: Its Principles and Problems*）中就将诗定义为："用格律的形式，通过想象、感情和趣味的媒介，而以给人的快感为首要目的思想的表现。"当然，人们还从不同的角度，对"诗是什么"这个命题给出了自己的答案，如诗是情，诗是美，诗是画，诗是愿，诗是史，诗是典，诗是思，诗是实，不一而足。

伟大的古希腊数学家毕达哥拉斯（Pythagoras，公元前580至前570之间—约前500）曾经说过一句名言"万物皆数"，以此来表达数学在人类文明中的重要地位。诗歌无疑是万物之一，按照这个逻辑，我们当然也可以说"诗是数"了！作为这本书的主题，这无疑是一个极好的诠释。

那么，诗歌与数之间是否真的有关联呢？答案当然是肯定的，不仅有，而且还相当大，大到我们需要用整整一本书来讲。

节奏和韵律是诗歌的骨架，优美的辞藻是诗歌的衣裳，丰富的典故是诗歌的气质，而隽永的意境却是诗歌的灵魂。下面，我们先来聊聊诗歌的音韵和结构之美中所体现的数学。

一般来说，诗词都有押韵、节律和对仗的要求。有趣的是，中外文诗歌的押韵的道理差不多，其节律因语言的不同表现形式亦不同，中国诗歌讲究的是"平仄"，外文诗歌凭借的是"轻重音"，而对仗则是中文诗歌所独有的。

押韵指诗、词、歌、赋等韵文中某些句子的最后一个字，采用了韵腹和韵尾相同的字（或者韵腹相近韵尾相同的字），进而使得韵文声调和谐优美。因为押韵的字一般都放在韵文一句的最后，故称"韵脚"。人们对诗词中的用韵情况进行归纳，把韵尾相同的字放在一起，统称其为"同类韵脚"。许多工具书里都可以查到同类可用的韵脚，如戈载（1786—1856）的《词林正韵》分平、上、去三声为十四部，入声为五部，一共是十九个韵部。

韵脚是根据韵尾来进行分类的，这些"类"构成数学意义中的"集合"。所谓集合，就是把某些有共性的东西放在一起而构成的集体。用一个与我们生活密切相关的例子来说，"生物"就是一个集合，该集合中的所有"元素"都要满足"生物的特点"，即能够进行新陈代谢及遗传。而生物又可分为动物、植物、真菌、原生生物、原核生物，苔藓属于植物；那么相应地，植物集合是生物集合的子集，苔藓是生物集合的子集植物集合中的元素。

回到韵脚，以唐代诗人李商隐（约813—约858）的一首名诗《无题》为例：

> 相见时难别亦难，东风无力百花残。
> 春蚕到死丝方尽，蜡炬成灰泪始干。
> 晓镜但愁云鬓改，夜吟应觉月光寒。
> 蓬山此去无多路，青鸟殷勤为探看。

韵脚依次是：难、残、干、寒、看。在《词林正韵》里，它们同属〔十四寒〕这个集合。

外文诗的押韵也比较容易理解，就是句尾的单词具有相同或相似的元音和重音。以苏格兰诗人彭斯（Robert Burns，1759—1796）的情诗《我的爱人像朵红红的玫瑰》（A Red, Red Rose，王佐良译）为例：

O, my luve's like a red, red rose, / 啊，我的爱人像朵红红的玫瑰，

That's newly spring in june; / 六月里迎风初开；

O, my luve's like the melodie, / 啊，我的爱人像支甜甜的曲子，

That's sweetly play'd in tune. / 奏得合拍又和谐。

As fair art thou, my bonnie lass, / 我的好姑娘，多么美丽的人儿！

So deep in luve am I; / 请看我，多么深挚的爱情！

And I will luve thee still, my dear, / 亲爱的，我永远爱你，

Till a'the seas gang dry. / 纵使大海干涸水流尽。

Till a'the seas gang dry,my dear, / 纵使大海干涸水流尽，

And the rocks melt wi'the sun; / 太阳将岩石烧作灰尘，

O, I will luve thee still, my dear, / 亲爱的，我永远爱你，

While the sands o'life shall run. / 只要我一息犹存。

And fare thee weel, my only luve, / 珍重吧，我唯一的爱人，

And fare thee awhile; / 珍重吧，让我们暂时别离，

And I will come again, my luve, / 但我定要回来，

Tho'it were ten thousand mile! / 哪怕千里万里！

这首英文诗每段的韵脚分别属于国际音标"[uː]", [aɪ], [ʌ], [aɪ]"所对应的集合。

顺便提一句，在中国，也可以找到与这首诗的意境有异曲同工之妙的作品，如明代戏曲作家、文学家汤显祖（1550—1616）的《紫箫记·胜游》：

> 地老天荒，海枯石烂，
> 永劫同灰，无忘旦旦。

平仄为中国诗词中用字的声调。所谓声调，指语音的高低、升降、长短。根据隋朝至宋朝时期修订的韵书，如《切韵》、《广韵》等，古汉语有四种声调，分别为平、上、去、入。《康熙字典》里的《分四声法》这样描绘：

> 平声平道莫低昂，
> 上声高呼猛烈强，
> 去声分明哀远道，
> 入声短促急收藏。

简单地说，今天所说的平仄是在四声基础上，用不完全归纳法归纳出来的，是四声二元化的尝试，"平"指平直，"仄"指曲折。古调中的"入"声在普通话里大都已消逝。除了"平"声，其余三种声调有高低的变化，故统称为"仄"声。诗词中平仄的运用有一定格式，称为格律，以此来体现节奏。平声和仄声，代指由平仄构成的诗文的韵律。

例如，一首五绝平起押韵的韵格是：

平平仄仄平（韵）

（仄）仄仄平平（韵）

（仄）仄平平仄

平平仄仄平（韵）

而一曲《十六字令》的韵格是：

平。仄仄平平仄仄平。平平仄，平仄仄平平。

如果说诗歌遵循押韵及平仄的规律，读起来就会抑扬顿挫、朗朗上口、富有音乐的律动美感，那么形象描绘这种波动之律恰恰是数学的长项。倘若我们根据数学中的二进制数的规定，用0表示"平"，1表示"仄"，那么上文提到的五绝的韵格就变成了：

00110

11100

11001

00110

十六字令的韵格则变成了：

0 1100110 001 01100

相对于中国古诗词的平仄，英文诗歌也有其节奏性，只不过英文诗歌的这种特点是通过**轻重音**来表达的。每个重音和它前后相关的一个或几个轻音组成一个音步，从而形成自己的韵律。

例如，英国作家、诗人、《金银岛》（*Treasure Island*）的作者史蒂文森（Robert Louis Stevenson，1850—1894）在《夏天睡觉》（Bed in Summer，笔者译）一诗中写道：

数学档案

二进制是计算技术中广泛采用的一种数制。二进制数据是用 0 和 1 两个数字来表示的数。它的进位规则是"逢二进一"，借位规则是"借一当二"，由德国数学家、哲学家莱布尼茨（Gottfried Wilhelm Leibniz，1646—1716）发现。

当前的计算机系统使用的基本上是二进制系统，数据在计算机中主要是以补码的形式存储的。计算机中的二进制则是一个非常微小的开关，用"1"来表示"开"，"0"来表示"关"。

实际上，二进制表示两种状态，除了计算机，它在逻辑运算等诸多领域也有广泛应用。

And does it not seem hard to you, / 这是不是对你太过痛苦，

When all the sky is clear and blue, / 天空还是那么蔚蓝亮堂，

And I should like so much to play, / 我多么想嬉戏玩耍，

To have to go to bed by day. / 却要在白天睡觉上床。

这里用了英文诗轻重两音节的抑扬格。这种节奏带来了一种活泼的旋律。英文的韵格还有重轻两音节的扬抑格、两轻一重的抑抑扬格、一重两轻的扬抑抑格等。

著名英国诗人济慈(John Keats，1795—1821)在《希腊古瓮颂》（Ode on a Grecian Urn，笔者译）里的名诗句：

Heard melodies are sweet, but those unheard are sweeter.
听得到的乐声虽好，但听不见的却更美妙。

这句的前半句应用的是抑扬格，而后半句是抑抑扬抑扬格。

重读音节和非重读音节按规律交替出现,可产生或跌宕起伏、或曲折绵延等的艺术效果和美感。如英国剧作家、诗人莎士比亚（William Shakespeare，1564—1616）在《麦克白》（Macbeth，笔者译）中通过运用语言节奏中的扬抑格来传递女巫的咒语的那种不祥和怪异的感觉：

Double, double, toil and trouble; fire burn and cauldron bubble.
加倍,加倍，麻烦和糟糕，烧伤和汽锅泡泡。

类似地，我们用 1 表示"重音"，0 表示"轻音"，那么上面的三例英文诗的韵格又可呈现为：

01010101
010100101
1010101010

对仗又称队仗、排偶，它是把同类或对立概念的词语放在相对应的位置上使之出现相互映衬的状态，使语句更具韵味，增加词语表现力。清代学者车万育（1632—1705）在其著作《声律启蒙》中向初学者介绍了对仗的口诀，我们挑其中一段来体会对仗的美：

云对雨，雪对风，晚照对晴空。来鸿对去燕，宿鸟对鸣虫。三尺剑，六钧弓，岭北对江东。

对仗的运用有宽有严，因而出现了不同类型，在内容上则有言对、事对、正对、反对等名目。相对来说，格律诗中对仗的要求最为严格：首先上下两句平仄必须相反；其次相对的句子句型应该相同，句法结构也要一致，如主谓对主谓，偏正对偏正，述补对述补等；再次，词语所属的词类（词性）要相一致，如名词对名词，动词对动词，形容词对形容词等；最后，词语的"词汇意义"也要相同，至少要相近，如均属天文、地理、自然、人物等某一类。

常见的律诗要求其中间两联（颔联和颈联）是对仗的，如上文提到的李商隐的《无题》，在其颔联和颈联中，"春蚕"对"蜡炬"、"到死"对"成灰"、"丝方尽"对"泪始干"、"晓镜"对"夜吟"、"但愁"对"应觉"、"云鬓改"对"月光寒"，十分工整。

词有时也有对仗的要求，但平仄仍要满足词的格律，对应者不一定平仄相对，所以在词中我们称其为"对偶"。《沁园春》是常见的词牌名，其词调以苏词为正体，前段自第四句、后段自第三句起句式相同，一个领字，领以下四个四字句，可两句为一对偶，可四句为两个对偶，亦可前两句对偶，后两句不对偶，但以对偶为工。

以毛泽东（1893—1976）《沁园春·雪》为例：

北国风光，千里冰封，万里雪飘。
望长城内外，惟余莽莽；大河上下，顿失滔滔。
山舞银蛇，原驰蜡象，欲与天公试比高。
须晴日，看红装素裹，分外妖娆。

江山如此多娇，引无数英雄竞折腰。
惜秦皇汉武，略输文采；唐宗宋祖，稍逊风骚。
一代天骄，成吉思汗，只识弯弓射大雕。
俱往矣，数风流人物，还看今朝。

其中，"长城内外，惟余莽莽"对"大河上下，顿失滔滔"，"秦皇汉武，略输文采"对"唐宗宋祖，稍逊风骚"，甚为工整。

诗词中的"对仗"与数学中的"映射"理念相对应。如果两个集合具有某种共同的特性，同时又分别属于平、仄声调，那么这两个集合间存在的映射关系，即我们提到的诗词中的"对仗"。例如一个集合包含"风、云、雷、阳"皆为平声的自然现象名词，另一集合包含"雨、电、雪、雹"都是仄声的自然现象名词，前一个集合的元素就可以和另一个集合的元素建立映射关系"对仗"。当然，其中成对的集合也可以是同字数、同结构的短语，如主谓短语、动宾短语等；两个集合语义上的关系，可以是同义，也可以是反义。

用典指引用古籍中的故事或词句，即引经据典。

由于诗歌十分精练，若想要在较少的字数里表达更深层次的意思，就少不了用典。在我国古典诗歌中，用典是一种十分常见且尤为重要的表现手法。

用典的方法很丰富，如正用、反用、直用、曲用。诗人对典故掌握得越多，在用典的过程中就越能随心所欲。巧用典故可以

数学
档案

映射指的是两个集合之间元素相互"对应"的关系。换句话说，就是用一种规则，把从属于两个不同集合的元素关联起来。

使诗句或典雅风趣，或含蓄有致，或寓意深远，从而充分表达诗意深层次的内涵。古代文学理论家刘勰（约465—约532）在《文心雕龙》里诠释"用典"为"据事以类义，援古以证今"。用现代的语言来说，就是"以古比今"、"以古证今"、"借古抒怀"。诗词用典往往引申了更深的一层或几层含义。以毛泽东的《七律·人民解放军占领南京》为例：

> 钟山风雨起苍黄，百万雄师过大江。
> 虎踞龙盘今胜昔，天翻地覆慨而慷。
> 宜将剩勇追穷寇，不可沽名学霸王。
> 天若有情天亦老，人间正道是沧桑。

这首律诗每句都有典："苍黄"、"雄师"、"虎踞龙盘"、"天翻地覆"、"穷寇"、"霸王"、"天若有情天亦老"、"正道"、"沧桑"皆为典故，其中"虎踞龙盘"和"天翻地覆"不仅有典故，还是成语。

以颈联中"穷寇"、"霸王"展开分析。"穷寇"之典故出自《孙子·军事》："穷寇勿迫，此用兵之法也。"诗人反用典故，誓言穷灭残敌。"霸王"指楚霸王项羽，《史记·项羽本纪》记载了项羽在鸿门宴优柔寡断，即便项庄舞剑，也没杀了刘邦，最后反而导致其在乌江自刎的故事；诗人借此强调不能给敌人以卷土重来的任何机会。短短一联就表现出了诗人将革命进行到底的决心，其坚如磐石的意志和力量亦喷薄而出。

用数学的语言，"典"实际上就是"特征"，对应着历史上著名的历史事件或人物，用以描述诗词中所要表达的意思。例如，上面提到的"霸王"，其含义远远超过字面本身的意思，它早已成为失败英雄的代名词，在不同的语境下，还可引申出"悲壮别姬"、"先赢后输"、"刚愎自用"、"无颜见江东父老"等语义。

韵律、对仗、平仄等这些严格的诗文规律，对于计算机来说是很容易"掌握"的，毕竟它们有模板或者说有规律可循，与计算机语言关联甚密。人们只需将自己想要作诗的"元素"输入计算机，系统便可创作出相关诗文。例如，在某网站中输入"二"，计算机系统即生成一首七绝：

菊花里外寿无穷，
自谓香衔碧草芳。
六夜四番长见画，
密云之曲喜非常。

数 学
档 案

特征是一个客体或一组客体特性的抽象结果。特征是用来描述概念的。任一客体或一组客体都具有众多特性，人们根据客体所共有的特性抽象出某一概念，该概念便成为了特征。在数学中，特征是经典特征函数在局部域上的一种推广。数学中关于特征的有特征值、特征函数和特征线等。

这首诗的平仄、押韵都可以，但语义不清，意境平平。尽管计算机在诗文"规范"上表现突出，但在传递思想及情感上却逊色不少，在用典方面也很难通人达意、自如贴切。正如前文所说，在诗歌中，节奏和韵律是骨架，辞藻是衣裳，而用典是气质、意境是灵魂。骨架可以分析构造，衣裳可以裁剪修饰，但气质却难以模仿，灵魂"意境"更是难以"言传"。

这几年，人工智能（AI）写诗是个热门话题，越来越多的AI通过了图灵测试。AI写诗作画本质上是通过以数学为基因的程序去"创作"，所以这是数学和艺术相结合的很好范例，而其蓬勃发展使得艺术和数学的关系进一步密切。AI具有深度学习的能力，它可以在已有的诗歌数据基础上模拟写诗，不断进步，逐渐形成"自己的"写诗风格，通过关键词或照片的提示，"创作"出相关主题的诗，而且写诗速度极快。AI是人类智力的扩展工具，这点大家已不再怀疑，但它到底能不能超越人类的"创作特权"，已是哲学范畴的问题，这里就不作进一步讨论。

数 学
档 案

图灵测试由英国数学家图灵（Alan Mathison Turing，1912—1954）发明，指测试者与被测试者（一个人和一台机器）隔开的情况下，通过一些装置（如键盘）向被测试者随意提问。进行多次测试后，如果有超过30%的测试者不能确定出被测试者是人还是机器，那么这台机器就通过了测试，并被认为具有人类智能。

其实，在中国传统文化中与数学相关联的并非只有诗歌，成语、对联和谜语中所包括的数学元素和数学理念也很多。从某种角度上说，作对子、猜灯谜不仅是文人雅士的游戏，它们还是作诗赋词的基本功。

成语是中国传统文化的一大特色，有固定的结构形式和固定的说法，多为四字，亦有三字、五字，甚至是七字以上，比如：探玄珠、华而不实、覆巢无完卵、风马牛不相及、春蚕到死丝方尽、燕雀安知鸿鹄之志等。

多数成语是从古代相承沿用下来的，在用词方面往往不同于现代汉语，它代表了一个故事或者典故。有些成语来自古典诗歌，所以我们还可以称其为典故表征，或是微型诗句。比如，成语"曲径通幽"、"万籁俱寂"正出自唐代诗人常建（708—？ ）的题壁诗《题破山寺后禅院》：

清晨入古寺，初日照高林。

曲径通幽处，禅房花木深。

山光悦鸟性，潭影空人心。

万籁此俱寂，但余钟磬音。

成语与数学间的关系同样值得玩味。若从典故的角度来说，成语实则与数学"特征"相关；若从语言表述上来看，诸多成语中都包含了数学元素，可谓妙趣横生。

以四字成语为例，其中嵌入数字的成语就有很多。数字在其中并不坐实，却起到多寡、对比等非数字无法起到的作用和效果，比如：万古千秋，千锤百炼，百密一疏，一心两用，两面三刀，三邻四舍，四分五裂，五颜六色，七情六欲，七手八脚，八河九江，九儒十丐，十不当一，化整为零。

同样，数学中的几何元素也时常出现在成语之中，比如：外圆内方，拐弯抹角，中规中矩，横冲直撞，飞针走线，以点带面，浑然一体。这类成语因其形象饱满，往往可直抒其意。细细品味，果真有滋有味。

对联又称对偶、门对、对子、楹联等，要求对仗工整、平仄协调、结构相同。数字对联是对联的分支，数学趣味盎然，有些数字绝对流传至今仍无人能破。传说明代江南才子祝枝山（本名祝允明，1460—1526）就曾经出过这样一个上联：

三塔湾前三层塔，塔塔塔。

开始有人觉得不难，立刻应对：

五台山上五座台

这个人对完后才发现自己上当了，后面的"塔塔塔"无法对了。若后面接"台台台台台"，岂不是多出两个字？若直接对"台台台"，那与前面的数字"五"又不相称了！这就是数字对联的陷阱，也是数字对联的乐趣。

中国古代留下了大量优美的数字对联，下面仅采几支供欣赏。

一叶孤舟，坐二三个骚客，启用四桨五帆，经由六滩七湾，历尽八颠九簸，可叹十分来迟！

十年寒窗，进九八家书院，抛却七情六欲，苦读五经四书，考了三番二次，今天一定要中！

这副数字对联，对仗巧妙，意思畅通，上联从一到十，下联从十到一，每联的数字之和都是55。

三星白兰地

五月黄梅天

这是一副著名的"无情对"。这种对联讲究上联下联字词相对，对得工整；而内容要各讲各的，绝不相干。这里，"三星白兰地"与"五月黄梅天"上下联字字相对，上联讲酒名，下联指天气，内容还真是驴唇不对马嘴。无情对可谓是对联中的一朵奇葩，除了上述的文字要求外，它还要求对对者信手拈来，立即回对，也正因此，这种对联往往给人以奇谲难料之感，回味不尽之趣。

童子看稼，一二三四五六七八九十；

先生讲命，甲乙丙丁戊己庚辛壬癸。

这副对联对仗相当工整，将数字一到十与天干对应，意思自然平实，结构对称合缝，把先生规矩刻板讲课、小童无聊望顶数数的情形刻画得生动有趣。

一声不响，二目无光，三餐不食，四体不勤，五谷不分；

六神无主，七窍不通，八面威风，九坐不动，十足无能。

这是一副奇特的数字对联，上联从一到五，下联从六到十，通篇基本是四字词语，巧妙地应用一到十的数字把泥菩萨的形象刻画得惟妙惟肖，具有一定的反迷信思想。不仅如此，它还是一个数字谜语，谜底是"泥菩萨"。

谜语用数学的话来说就是密码。在通信和军事上，密码的重要性毋庸置疑。通信中的密码只希望收发人懂而不希望其他人破译，所以谜面很可能是一堆乱码；而在普通大众的生活中，密码则是用于娱乐的谜语，由出谜者公开招募破译者，所以谜面相对清楚，是提供解谜线索的主要来源。一般的谜语只是把谜底换成

数 学
档 案

密码学是研究如何隐密地传递信息的学科，它研究编制密码和破译密码的技术。研究密码变化的客观规律，应用于编制密码以保守通信秘密的，称为编码学；应用于破译密码以获取通信情报的，称为破译学；两者总称为密码学。密码算法是用于加密和解密的数学函数。

另一种说法作为谜面让读者猜谜底，但好的谜面很可能将猜谜者的思路引向歧途。

谜语源自中国古代民间的口头文学，后经文人加工、创新，进而有了一套严格的、有规则的系统密码，即文义谜。人们常说的灯谜，指的就是文义谜。灯谜是写在彩灯上的谜语，供人猜射。灯谜又称文虎，故猜灯谜亦称打虎。灯谜是中国特有的文化现象，其谜面常常是一句成语或者一句诗词，而谜底的范围则相当广泛，包括单字、词语、词组、短句等。

从数学的角度看，谜底和谜面之间存在某种数学映射，人们要做的就是尝试各种映射函数，找到那个特定的映射函数，并通过这个映射函数找到谜底。谜面有歧义可以增加灯谜的难度和趣味，但一般要求对应的谜底是唯一的。

灯谜还有许多谜格，谜格可以看成对谜底的进一步加密，也可以看成限制了上述映射函数的特征和范围，类似于数学映射中的限制条件和允许集合。要猜谜的人，按照规定的格式，把谜底字的位置、读音、偏旁进行一番加工处理后，来扣合谜面。

猜谜不是本书的主要目的，所以书中仅内置一些和数学有关的谜语（部分谜语为笔者所制），请读者来猜。祝大家"闯关"成功。当然，所有谜底都可在本书内找到。

谜语是非常依赖于语言的，这点毋庸置疑。各种语言都有自己的谜语和解谜方式。例如："What letter is an animal?" 这就是简单的英文字谜，其谜底是"B"（bee）。

趣味盎然的英文字谜有很多。丹·布朗（Dan Brown，

1964— ）的畅销小说《达·芬奇密码》（*The Da Vinci Code*）的开篇场景是这样的：法国巴黎卢浮宫博物馆的馆长被人暗杀，以四肢张开的形式躺在卢浮宫里，他的身边留下了一串数字和两行诗句：

13-3-2-21-1-1-8-5

O, Draconian, devil!（啊，严酷的魔王！）

Oh, Lame Saint!（哦，瘸腿的圣徒！）

这串数字和两行文字看似是馆长在弥留之际的随意涂鸦，实则却隐藏着他死亡的重要线索。而谜底即真相。

13-3-2-21-1-1-8-5 这串数字耐人寻味，这里有什么线索可以挖掘吗？其实，这些数字是一些很特别的数字，同一个著名的数列有关，这个数列就是具有"黄金分割数列"之称的斐波那契数列。斐波那契数列是以意大利数学家列昂纳多·斐波那契（Leonardo Fibonacci，约 1170—约 1240）的名字命名的，相传该数列是斐波那契在解一个有关兔子繁殖的问题时发现的，故又称"兔子数列"。

如果一开始有一对兔子，它们每月生育一对兔子，小兔子在出生后一个月又开始生育，且繁殖情况与最初的那对兔子一样，那么一年后（其间，没有死亡发生）有多少对兔子？

下图黑色的圆圈表示已成熟（可繁殖和生育）的兔子，白色的圆圈表示的是小兔子。从中我们可以发现，最右边这一列数字

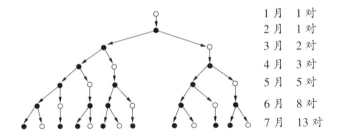

1 月	1 对
2 月	1 对
3 月	2 对
4 月	3 对
5 月	5 对
6 月	8 对
7 月	13 对

是有规律的。第一个数和第二个数为1，之后的每一个数为前两个数之和。比如，六月份的兔子数量为四月份和五月份兔子数量之和，即8=5+3。

有了这个规律，兔子数量的问题就很容易解决了：1，1，2，3，5，8，13，21，34，55，89，144。答案为144对。

数 学
档 案

数列，即按一定次序排列的一列数。数列中的每一个数都叫做这个数列的项。排在第一位的数称为这个数列的第1项（通常也叫做首项），排在第二位的数称为这个数列的第2项……排在第 n 位的数称为这个数列的第 n 项。如果数列中的项等差增大，称为递增数列；如果项等差减少，则称为递减数列。

通项公式，即用来表示数列中第 n 项与序号 n 之间关系的公式。斐波那契数列的通项公式为：

$$a_n = \frac{1}{\sqrt{5}}\left[\left(\frac{1+\sqrt{5}}{2}\right)^n - \left(\frac{1-\sqrt{5}}{2}\right)^n\right]$$

上述数列就是斐波那契数列，从第三项开始，每一项都等于前两项之和。有意思的是，随着数列项数的增加，前一项与后一项之比越来越逼近黄金分割的数值 0.6180339887……，而这也是斐波那契数列被誉为黄金分割数列的原因。

回过头来，我们来看斐波那契数列的前八项（1-1-2-3-5-8-13-21），没错，那串耐人寻味的数字就是斐波那契数列的前八项，只不过排列方式被打乱了。这暗示着什么？是否地面上数字下的两行文字也应该重新排列？令人惊讶的是，两行诗句重排的结果竟是：

Leonardo da Vinci!（列奥纳多·达·芬奇！）
The Mona Lisa!（蒙娜丽莎！）

这就指向了下一个线索就是卢浮宫的镇馆之宝：名画，达·芬奇的《蒙娜丽莎》！小说中的主人公也正是由此开始，带领读者进入接二连三的破谜之旅。

谜语不但与数学有着千丝万缕的关联，更是诗人之所爱。下面，我们一起品读一下我国宋代大才女朱淑真（又称朱淑贞，约1135—约1180）的《断肠谜》：

下楼来，金钱卜落；

问苍天，人在何方；

恨王孙，一直去了；

誓冤家，言去难留；

悔当初，吾错失口；

有上交，无下交；

皂白何须问；

分开不用刀；

从今莫把仇人靠；

千里相思一撇消。

朱淑真自幼聪明颖慧、博通经史，但一生爱情失意，最终抑郁早逝。这首《断肠谜》正是她对丈夫无比绝望之后写下的诗词，其伤心决绝的意念仿佛可透纸而出。有趣的是，诗中每一句都是一个字谜，谜底分别是"一、二、三、四、五、六、七、八、九、十"这 10 个数字。全诗谜面构思巧妙，意思亦贯通流畅。字谜采用的基本上是消减法，例如，第一句"下"去掉"卜"就是"一"。这首诗流传至今，部分人已把它用作元宵节的灯谜，猜谜的同时也不免让人感叹：即便作者才情八丈，也只落得个伤情落寞的结局。

"谜意"与"谜趣"自在解谜者心，而就"谜"本身来说，则蕴意深远，诸多诗人也曾以此为题，直抒胸臆。下面，我们再来欣赏国内外两位女诗人席慕蓉（1943—　　）和狄金森（Emily Dickinson，1830—1886）关于谜语的佳作。

《谜题》

当我猜到谜底，

才发现，

一切都已过去，

岁月早已换了谜题。

《我们能猜的谜》（The Riddle We Can Guess，江枫译）

The Riddle we can guess / 我们能猜的谜

We speedily despise — / 我们很快抛弃—

Not anything is stale so long / 世上将没有陈腐，只要

As Yesterday's surprise — / 昨日尚被认为神奇—

猜

谜

●

1. 一加一不是二（打一字）

2. 一减一不是零（打一字）

2. 三

1. 十

第二章

数字登诗妙趣花

●

数字是文字的一部分，也是数学和算术的基础，它传递着多寡、对称和秩序等重要信息。有些数字在大多数情况下为"虚指"。比如，"八面玲珑"中的"八"实为"多"的意思。"零敲碎打"的"零"取的是"非整"之意。因此，数字入诗，或可鲜明地说明大小多少等真切之意，或可用其虚指之意夸张绘出事物的极端之妙，使诗歌本身的叙述性、趣味性、灵活性更胜一筹。下面，就让我们共同赏析诗人是如何巧妙地将数字运用到诗中，最终使全诗妙趣别具，平添许多艺术魅力的吧。

> 七月流火，九月授衣。
>
> 一之日觱发，二之日栗烈。
>
> 无衣无褐，何以卒岁？
>
> 三之日于耜，四之日举趾。
>
> 同我妇子，馌彼南亩，田畯至喜。

这首诗出自《诗经·豳风·七月》，可能是最古老的数字诗。它通过数字将时间的顺序与百姓的作息联系得丝丝入扣，充满生活情趣。用现在的白话说是：

> 七月大火西落，九月妇女缝衣。
>
> 十一月北风猛吹，十二月寒气劲袭。
>
> 没有好衣粗衣，怎能度过年底？
>
> 正月始修锄犁，二月耕种下地。
>
> 带上妻儿，送饭阳地，田官欢喜。

再来欣赏一首"一字诗"：

> 一篙一橹一渔舟，一丈长杆一寸钩。
>
> 一拍一呼复一笑，一人独占一江秋。

这首诗名为《钓鱼绝句》，是清代大才子纪晓岚（1724—1805）对钓鱼人恣意大自然、忘情垂钓的生动写照。相传，清代乾隆皇帝在一个秋日出游，想难为跟班的纪晓岚一下，就随手指向远处的一个钓鱼翁，要纪晓岚写一首镶嵌十个"一"字的绝句。纪晓岚略加沉思，就吟出这首描绘秋钓的《钓鱼绝句》。乾隆皇帝不禁拍案叫绝，亲自酌酒赏给纪晓岚。

　　这首绝句中每句都有"一"，且每句中的"一"用法都不同，第一句中的"一"是可数物件的量词，为准确应用；第二句中的"一"是量度的量词，为近似应用；第三句中的"一"是动作量词，为借延应用；第四句中的"一"是虚幻量词，为抽象应用。四种用法把描景层层推进，从用物到人物，从静态到动态，由个体再到整个大环境，尤其是最后一句，一下子把整首诗的意境提升到了天人合一的境界，好一幅由点到面的自然画卷！

一片两片三四片，五片六片七八片，
九片十片千万片，飞入芦花都不见。

这是民间流传甚广的一首打油数谜诗。有关作者是谁存在多
种说法，有说是乾隆，有说是纪晓岚，也有说是刘墉，因此也演
绎出许多名人轶事和趣闻笑谈来。这首诗的谜底是"雪花"。芦
花秋季开花，一直延伸到冬季，盛花期白色的花如雪随风飘扬，
如果此时飘起小雪，的确混入芦花不可分。严格地说，这首诗并
不满足绝句的格律要求，但读来有一种步步上升，最后豁然开朗
的意境，隐含着有形到无形、有限到无限的大道理，所以有其强
大的生命力。其中数字的迭加回复，宛如一个递增数列，对营造
整首诗的意境起到了不可或缺的作用。

一望二三里，烟村四五家。

门前六七树，八九十枝花。

这首五言绝句是北宋哲学家邵雍（1011—1077）的作品《山村咏怀》，又叫《一望二三里》。还有一个版本是"一望二三里，烟村四五家。亭台六七座，八九十枝花。"这首格律严谨的绝句非常适合儿童入门咏读，其内容浅显易懂、合辙上口、节奏明快，容易记诵，曾入选小学语文教材。"一"到"十"的数字嵌入诗中，组合成一幅静美如画的山村素描图，质朴淡雅，令人耳目一新。这里的数字是虚指，可以让孩子开始接触数字的抽象意义。

明代南海才子伦文叙（1467—1513）为苏东坡《百鸟归巢图》题了一首数字诗：

天生一只又一只，三四五六七八只。

凤凰何少鸟何多，啄尽人间千石谷！

这首诗的奇特之处在于它蕴含了一道数学运算题。"天生一只又一只"，是 $1 + 1 = 2$。"三四五六七八只"，可破解为 $3 \times 4 = 12$，$5 \times 6 = 30$，$7 \times 8 = 56$。四组数字相加之和，正好是 100 只。这首诗有如智力游戏，启人以智。

由于数字有多个，因此数字诗的形式多样，半字诗也属其中。"半"是两种状态的过渡，明代诗人梅鼎祚（1549—1615）的《水乡》，四句诗文共二十四字，有八个"半"字，硬是把一幅半隐半现、烟雨朦胧的江南水乡春景图描绘得惟妙惟肖：

半水半烟著柳，半风半雨催花；
半没半浮渔艇，半藏半见人家。

无独有偶，要说中庸，"半"字为重，清代学者李密庵《半半歌》不仅写景，也写理：

看破浮生过半，半之受用无边。
半中岁月尽幽闲，半里乾坤宽展。
半郭半乡村舍，半山半水田园。
半耕半读半经廛，半士半姻民眷。
半雅半粗器具，半华半实庭轩。
衾裳半素半轻鲜，肴馔半丰半俭。
童仆半能半拙，妻儿半朴半贤。
心情半佛半神仙，姓字半藏半显。
一半还之天地，让将一半人间，
半思后代与沧田，半想阎罗怎见。
酒饮半酣正好，花开半时偏妍。
帆张半扇免翻颠，马放半缰稳便。
半少却饶滋味，半多反厌纠缠。
百年苦乐半相参，会占便宜只半

中国诗词中有一种较为特殊的体裁名为回文诗，又称回环诗。其应用了回环往复的修辞手法，如同数学中的周期函数一般，读起来绵延无尽，予人以强烈的叙事效果。（回文诗的几何结构，我们将在"诗里乾坤几何佳"这章里作进一步介绍。）下面我们来欣赏一首别有风味的数字回文诗歌：

一别之后，二地相思。

只说是三四月，又谁知五六年。

七弦琴无心弹，八行书不可传。

九曲连环从中折断，十里长亭望眼穿。

百思想，千系念，万般无奈把郎怨。

万语千言说不完，百无聊赖十倚栏。

重九登高看孤雁，八月中秋月圆人不圆。

七月半，烧香秉烛问苍天。

六月伏天，人人摇扇我心寒。

五月榴花如火，偏遇阵阵冷雨浇花端。

四月枇杷黄，我欲对镜心意乱。

三月桃花随流水，二月风筝线儿断。

噫！郎呀郎，巴不得下一世你为女来我为男。

这首数字回转体的诗歌传说是卓文君写给司马相如的《怨郎诗》。卓文君和司马相如有一段动人的爱情故事。景帝中元六年，被临邛县令奉为上宾的清贫才子司马相如到蜀地参加富豪卓王孙的宴请。司马相如仪表堂堂，风度翩翩，当庭弹唱一曲《凤求凰》助兴："凤兮凤兮归故乡，游遨四海求其凰。时未遇兮无所将，何悟今兮升斯堂。有艳淑女在闺房，室迩人遐毒我肠。何缘交颈为鸳鸯，胡颉颃兮共翱翔。"司马相如精湛的琴艺，博得众人好感，更使那隔帘听曲的卓王孙之女卓文君为其倾倒。卓文君是远近闻名的美貌才女，因丈夫刚逝世不久而回娘家守寡，当她听到司马相如的琴声时，如痴如醉，一见倾心。其后二人双双产生了爱慕之情，并约定私奔。一天夜里，卓文君没有告诉父亲，就私自去找司马相如。他们一起回到成都成亲。这就是有名的"文君夜奔"的故事。

但是，这个故事的结局并非"王子和公主从此过上了幸福的生活"。二人私奔后，卓文君不得不面对家徒四壁的处境，于是开起了酒肆，自己当垆卖酒，最终迫使爱面子的父亲承认了他们的爱情。后来汉武帝下诏来召，相如与文君依依惜别。岁月如梭，司马相如别娇妻去长安做官已五年。文君朝思暮想，盼望丈夫的家书，可万没料到盼来的却是写着"一、二、三、四、五、六、七、八、九、十、百、千、万"13个数字的家书。文君反复看信，明白丈夫的意思。数字中无"亿"，表明相如已对她无"意"。文君伤心不已，挥笔写下上面的《怨郎诗》。这首诗除去文字优美、意象生动外，数字的用法更为精湛。首先卓文君将司马相如家书中的 13 个数字嵌于诗中，其情感顺沿数字的递增而逐渐升温，随之通过数字的回转，达到一吁三叹、轮回周复、诉尽相思之妙。然而一周期过后，完成了从"一别"到了"一世"的大回环，亦从相思地起点提到了生命的高度。相传司马相如读过此诗后黯然落泪，悔恨自己的无情，遂驷马高车，亲自回乡把卓文君接往长安同住。

数字在诗歌中的作用是跨越语言的。在英文诗歌中，也不乏"数字登诗"的例子。例如：

There was an Old Man with a beard, / 一位老人胡子茂，
Who said, "It is just as I feared! / 他说，"我只是心焦！
Two Owls and a Hen, / 两只猫头鹰和一只母鸡，
Four Larks and a Wren, / 还有四只云雀加一鹪鹩，
Have all built their nests in my beard!" / 都在我的胡子上做巢！"

这是爱德华·利尔（Edward Lear，1812—1888）所写的五行打油诗（笔者译），诗人以数字一、二、四，在大小多少里开了个玩笑，讲了个诙谐幽默的故事。这么多鸟儿要在老人茂盛的胡须中做鸟巢，真有点匪夷所思，这竟然让这位老人烦恼心焦。

诗配上音乐或者现成的曲填上词就是歌曲。中国古代诗词多数都是有曲谱的，只可惜曲谱已几近失传，我们只能通过平仄来朗读。如此说来，部分"歌词"也为诗歌。下面这首脍炙人口的音乐剧《音乐之声》（*Sound of Music*）的歌曲 Do-re-mi 的歌词与数学有关（音阶符 Do-re-mi-fa-so-la-ti 在简谱中对应的是 1-2-3-4-5-6-7），并且具有诗歌的美感，作者玛利亚·弗朗西斯卡·冯·特拉普（Maria Franziska von Trapp，1905—1987）巧妙地将每个音节符对应一个同音的英文词，使得小朋友也能很容易记住它，然而这种巧妙却是没法翻译的。现在让我们来一起感受一下吧：

Let's start at the very beginning

A very good place to start

When you read you begin with A—B—C

When you sing you begin with do—re—mi

Do—re—mi, do—re—mi

The first three notes just happen to be

Do—re—mi, do—re—mi

Do—re—mi—fa—so—la—ti

Let's see if I can make it easy

Doe, a deer, a female deer

Ray, a drop of golden sun

Me, a name I call myself

Far, a long, long way to run

Sew, a needle pulling thread

La, a note to follow Sew

Tea, a drink with jam and bread

That will bring us back to Do (oh—oh—oh)

Do—re—mi—fa—so—la—ti—do So—do!

第二章
数字登诗妙趣花

猜谜

●

1. 九十九（打一字）

2. 灭火（打一字）

3. 其中（打一字）

4. 7/8（打一成语）

5. 十八斤（打一大学数学名词）

6. 一丝不乱（打一大学数学名词）

7. 天下共富（打一大学数学名词）

1. 白

2. 一

3. 二

4. 七上八下

5. 分析

6. 有条理

7. 共轭复数

　　算题诗，顾名思义就是隐含数学题目的计算类诗歌。这类诗歌常常融文、史、数、谜为一体，妙趣横生、朗朗上口，其以口口相传或文字记载的方式久为流传。《九章算术》、《孙子算经》和《算学宝鉴》等我国极为重要的早期数学文献中也不乏算题诗的身影，这种方式让数学具有了更强的传播性。我国古代数学家，如南宋的杨辉，元代的朱世杰、丁巨、贾亨，明代的刘仕隆、程大位等人，都曾尝试用歌谣、口诀和诗歌等形式提出并推广诸多数学问题及数学算法。尽管当时人们并不知道应用近代数学的方法来解决诸多的数量关系问题，但古人已经积累了这类问题的相当程度的解法。这些解法体现了古人相当高的智慧，当然，提出这些算题所需的智慧更高。

很多诗歌并不追求解答，而是通过设问和数学营造一种气氛。其中最有名的诗应该是唐朝孟浩然（689—740）的《春晓》：

春眠不觉晓，处处闻啼鸟。

夜来风雨声，花落知多少。

全诗自然天成，景晰情浓。尽管没有答案，但这种说不尽的爱、算不出的情，恰恰烘托出此诗的韵味醇永。

下面，我们收集了一些算题诗的沧海散珠，并用今天的数学来破解这些诗题，虽然这些诗歌涉及的数学领域并不全面，但也已星光灿烂。

算算是多少

在我国传统文化中，有关算题的文学表达形式是多种多样的，对联、歌曲和诗词均占据着重要地位。

乾隆五十年（公元1785年），皇帝喜添五世元孙，为表皇恩浩荡，其在乾清宫如期举行了规模空前的千叟宴。皇亲国戚、文武大臣等共聚一堂，其中也有从民间奉召进京的老人。相传，席间被推居上座的是一位长寿老人，年高 141 岁。乾隆帝和纪晓岚即兴为这位老人作了一副对联：

花甲重逢，又加三七岁月。
古稀双庆，更多一度春秋。

这副对联工整优美，"花甲"（六十）对"古稀"（七十）、"重逢"（×2）对"双庆"（×2）、"又加"（+）对"更多"（+）、"三七"（21）对"一度"（1），"岁月"（时间）对"春秋"（时间）。平仄也相对。更值得一提的是，这里的上、下联都隐含一道算术题，上联是 60×2+21=141，下联是 70×2+1=141。答案均为 141 岁，堪称绝对。

明代著名画家、书法家、诗人唐寅（1470—1524）有一首《七十词》算术算得幽默又感慨，人生的短暂与不易透纸而出：

人生七十古稀，
我言七十为奇。
前十年幼小，后十年衰老。
剩下五十年，一半又在夜里过了。
算来只有二十五年，受尽多少奔波烦恼！

需要澄清的是，据史料记载，唐寅享年仅 54 岁，所以声称唐寅在《七十词》中感慨自己活过"古稀"，唏嘘人生几何的解读是不当的。

在歌剧《刘三姐》中，刘三姐与三位秀才（陶、李、罗）对唱，刘三姐巧妙应对，其中，下面这一段尤为精彩：

罗秀才：

小小麻雀莫逞能，

三百条狗四下分。

一少三多要单数，

看你怎样分得清？

刘三姐：

九十九条打猎去，

九十九条看羊来。

九十九条守门口，

还剩三条狗奴才。

在这里，罗秀才提出了一个非常有趣的问题，即如何把 300 分成 4 个单数之和，其中 3 个较大的数字要求相等。其实，这个问题属于数学中很常见的"拆数问题"。让人欢欣雀跃的是，刘三姐不仅立即唱出了 99、99、99 和 3 的分法，还借用"三条"狗奴才，一语双关地损了一把向不良财主卑躬巴结的秀才们。

古题用代数

代数方程方法可能是算题诗中用得最多的解题方法了。不过古人不懂代数，要想解出这类诗题还真颇为挑战智慧。以《孙子算经》中有名的鸡兔同笼趣题为例：

今有雉兔同笼，上有三十五头，下有九十四足，问雉兔各几何？

这道题的传统解法有许多，比如：

[砍足法]假如砍去每只鸡、每只兔一半的脚，则鸡就成"独脚鸡"，兔就成"双脚兔"。这样一来，鸡和兔的脚的总数就由94只变成94÷2=47（只）。如果笼子里有一只兔子，那么脚的总数就比头的总数多1。因此，脚的总数47与头的总数35的差，就是兔子的只数，即47 − 35 = 12（只）。显然，鸡的只数就是35 − 12 = 23（只）。

[假设法]假设全部是鸡，头有35个，则脚应有35×2=70（只），与题面中脚数相差94−70=24（只），这应是兔多出的脚，每只兔比每只鸡多2只脚，所以，兔有24÷2=12（只），鸡有

数 学
档 案

方程是指含有未知数的等式。是表示两个数学式（如两个数、函数、量、运算）之间相等关系的一种等式，使等式成立的未知数的值称为"解"或"根"。求方程的解的过程称为"解方程"。未知数是代数的方程称为代数方程。

35 - 12 = 23（只）。

若采用代数方程法，则解题过程就相对简单多了：

［方程法］设兔有 x 只，则鸡有 35−x 只，由题意可知 $4x+$（35−x）×2＝94，解得 x＝12，鸡有 35 − 12 ＝ 23（只）。

> 巍巍古寺在山林，不知寺内几多僧。
>
> 三百六十四只碗，看看用尽不差争。
>
> 三人共食一碗饭，四人共吃一碗羹。
>
> 请问先生名算者，算来寺内几多僧。

相传，这是清代诗人徐子云留下的算题诗。用代数方程的方法解：设僧人数量为 x，由诗语可知碗有 364 只，3 人共用一碗饭，4 人同食一碗羹，可列关系式为 $x/3+x/4=364$，解得 $x=624$。所以该古寺共有僧人 624 名。

巧诗解同余

算题诗中常常涉及数学中的同余问题。颇有代表性且流传甚广的是，我国明代数学家程大位（1533—1606）在《算法统宗》中的这首诗：

> 三人同行七十稀，五树梅花廿一枝，
>
> 七子团圆月正半，除百零五便得知。

它恰好巧妙地给出了《孙子算经》卷下"物不知数"题说（有物不知其数，三个一数余二，五个一数余三，七个一数又余二，问该物总数几何？）这类问题的又一解法。

就"物不知数"本身来说，《孙子算经》给出的解法是："三三数之剩二，置一百四十；五五数之剩三，置六十三；七七数之剩二，置三十。并之，得二百三十三，以二百一十减之，即得。"答案是 23。有意思的是，相传华罗庚 14 岁时，就应声回答了数学老师提到的"物不知数"问题。老师很讶异，以为华罗庚读过《孙子算经》。华罗庚说："《孙子算经》我没读过，但我是这样想的：3 个 3 个地数，余 2，7 个 7 个地数，余 2，余数都是 2，那么，总数就可能是 3×7+2，等于 23，23 用 5 去除，余数又正好是 3，所以，23 就是所求的数了。"

现在，我们再回到程大位的诗歌。据说它是韩信点兵的口诀。相传，汉代大将韩信为了点算一群士兵的数目（人数 100 左右），他命令士兵每 3 人为一组，记下余数（假设是 a），又命令士兵每 5 人一组，记下余数（假设是 b），最后是 7 人一组，记下余数（假设是 c）。韩信利用这口诀即可口算出士兵的数目 N 为 $70a+21b+15c$（若大于 105，须减去 105）。例如，若 $a=1$，$b=4$，$c=3$，则士兵数 $N=199-105=94$。

无论是《孙子算经》还是《算法统宗》，都没有对"物不知数"这类问题的解法进行系统论述。明确记载求解一次同余组的一般计算步骤的是我国南宋数学家秦九韶（约 1208—约 1261）的《数书九章》（1247 年写就）。秦九韶将这种算法命名为"大衍求一术"，它在世界数学史上占据崇高地位，比西方同类解法早了约500年。所以，西方数学史著作常常称求解一次同余组的"同余定理"为"中国剩余定理"。

勾股妙处多

勾股定理最早出现在中国。早在公元前11世纪，《周髀算经》中记载着商高同周公的一段对话，其中商高有云："故折矩，勾广三，股修四，经隅五。"这就是著名的"勾三股四弦五"。之后，古希腊的毕达哥拉斯证明了一般情形的勾股定理，即两条直角边的平方和等于斜边的平方。

数学档案

勾股定理是一个基本的几何定理，指直角三角形的两直角边的平方和等于斜边的平方。它现约有500种证明方法，是数学定理中证明方法最多的定理之一。它也是人类早期发现并证明的重要数学定理之一，用代数思想解决几何问题的最重要的工具之一，数形结合的纽带之一。

中国古代称直角三角形为勾股形，并且直角边中较小者为勾，另一长直角边为股，斜边为弦，这便是"勾股定理"名称的由来。我国古代数学家商高提出了"勾三、股四、弦五"为勾股定理的特例。在西方，最早提出并证明此定理的是公元前6世纪古希腊数学家毕达哥拉斯，因此，世界上许多国家称勾股定理为"毕达哥拉斯定理"。

中国古代民间却流传了许多要用勾股定理解题的诗歌，其中，最有名的是《九章算术》中的"引葭¹赴岸"：

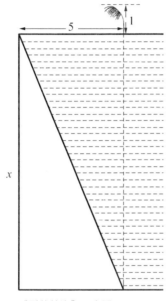

今有池一丈，葭生其中央，
出水一尺，引葭赴岸，适与岸齐。
问水深、葭长各几何？

"引葭赴岸"示意图

设 x 为水深（尺），则葭长为 $x+1$（尺），由勾股定理可知，$x^2+5^2=(x+1)^2$，解之得 $x=12$，即水深 12 尺，葭长 13 尺。

有意思的是，类似"引葭赴岸"问题的题目还出现在印度的书中，不过主角换成了荷花。印度数学家婆什迦罗（Bhaskara，1114—约 1185 年）提出的"荷花问题"，比"引葭赴岸"晚了 1000 多年，据信这是《九章算术》传入了印度并把葭理解成荷花的结果：

---

¹ 这里的"葭"读（jiā），指初生的芦苇。

平平湖水清可鉴，面上半尺生红莲；

出泥不染亭亭立，忽被强风吹一边。

渔人观看忙向前，花离原位二尺远；

能算诸君请解题，湖水如何知深浅？

同样方法，设水深为 x（尺），则有 $x^2+2^2=(x+0.5)^2$，解得 $x=3.75$（尺），即水深 3.75 尺。

有关圆周率

圆周率是无理数，是一串毫无规律的数串，但它又是计算圆周长、圆面积、球体积等几何形状的关键值。如何记住它，真叫人煞费苦心。世界各国都有关于圆周率这个神秘数字的诗歌，有的用于背诵，有的用于描述。

"山巅一寺一壶酒"，就是中国流传广泛的圆周率诗句。这里还有一个有趣的故事。传说有位教书先生，喜欢喝酒。有一天，

数　学
档　案

圆周率是指圆的周长与直径的比值，一般用 π 表示。它是一个无理数，一个在数学及物理学中普遍存在的数学常数，约等于 3.141592654，通常用 3.14 表示，小数点后面的值无限不循环。π 也等于圆形之面积与半径平方之比。是精确计算圆周长、圆面积、球体积等几何形状的关键值。在分析学里，π 可以严格地定义为满足 $\sin x=0$ 的最小正实数 x。

他让学生背圆周率，而自己提壶酒到山上的庙里去了。圆周率不好背啊，有个聪明的学生就把圆周率编了个打油诗："山巅一寺一壶酒，尔乐苦煞吾，把酒吃；酒杀尔杀不死，乐尔乐 ……"其实全诗内容就是 3.14159265358979323384626 的谐音。先生回来后，发现学生居然都把圆周率背到了小数点后面这么多位，很是奇怪，一问，明白了，原来被讽刺了……

下面我们再来欣赏两首与圆周率有关的英文诗：

Now I, even I, would celebrate

In rhymes inapt, the great

Immortal Syracusan, rivaled nevermore,

Who in his wondrous lore,

Passed on before,

Left men his guidance

How to circles mensurate.

从语义上，这首诗歌与圆周率似乎没有任何关联；但若从每个英文单词所含有的字母数上分析，情况就大有不同了： Now 有 3 个字母，对应数字 3；I 为单个字母，对应数字 1；even 有 4 个字母，对应数字 4；celebrate 有 9 个字母，对应数字 9……圆周率 3.141592653589793238462643383279 便浮现于脑海之中。不得不说，这首以英文单词字母数对应圆周率的数字的方式而作的诗歌，简直妙绝了！

A pi was discovered, / 一个派被发现,

In ancient Greek times, / 在古希腊的年代,

Didn't have apples, / 上面没有苹果,

Bananas, or limes… / 香蕉或边界……

apple pie / 这个派

Unlike desserts, / 不是甜点,

Those pies people eat, / 那个好吃的饼面,

This pi's a math constant, / 这个派是数学常数,

But it's still really sweet… / 它真的很甜……

pi symbol / 作为符号的派

Pi's pretty easy, / 这个派很简单,

It's 3.14, / 它就是3.14,

It used to confuse me, / 它总让我困惑,

But not anymore! / 但不是对所有伙伴!

I use it for math, / 我用它做数学,

It's really quite swell, / 它真的很棒,

Although it's irrational, / 尽管它无理,

Pi works pretty well… / 它却很方便……

Areas of circles? / 圆的面积?

Try πr^2 / 试试 πr 平方

It's the cool constant, / 这是个酷常数，

It deserves to be shared… / 值得分享……

For circumference you need, / 若你需要的圆周，

A quick formuli, / 它的公式速快，

Here it is mister, / 还是老面孔，

You gotta' use pi! / 你就用派！

　　这是一首描述圆周率的诗歌（佚名作，笔者译），诗人妙趣地运用了 π 和英文中甜饼同音这个巧合，进而使整首诗歌妙趣横生。

算术法则外

当然，诗歌就是诗歌，并不严格按照算术等式关系来展开，美国女诗人狄金森在《一加一，是一》（One and One — Are One，江枫译）一诗中就对 1+1 的答案有新的看法：

One and One — are One — / 一加一，是一 —
Two — be finished using — / 二，应该废弃 —
Well enough for Schools — / 对于学习已经足够 —
But for Minor Choosing — / 若是为了选修 —
Life — just — or Death — / 或是生，或是死 —
Or the Everlasting — / 或是永恒，一门就行 —
More — would be too vast / 多了，太大 —
For the Soul's Comprising — / 灵魂，难以容纳 —

英国诗人豪斯曼（Alfred Edward Housman，1859—1936）在他的诗《当我第一次赶集》（When First My Way to Fair I Took，笔者译）中也表达了生活不像算式那么简单的含义：

When first my way to fair I took / 当我第一次赶集

Few pence in purse had I, / 我钱包里没有什么便士，

And long I used to stand and look / 我只能常站常看

At things I could not buy. / 在我不能买的东西前。

Now times are altered: if I care / 如果时间可以改变

To buy a thing, I can; / 能买我之中意

The pence are here and here's the fair, / 有便士也有可花便士的市场

But where's the lost young man? / 但哪里有昔日失意的男孩？

To think that two and two are four / 想想二加二等于四

And neither five nor three / 不是五也不是三

The heart of man has long been sore / 男孩的心长久地哀殇

And long 'tis like to be. / 很可能成为难以愈合的创伤。

葡萄牙诗人费尔南多·佩索阿（Fernando Pessoa，1888—1935）在他的葡语诗《牛顿的二项式堪与米勒笔下的爱神媲美》（O binómio de Newton é tão belo como e Vénus de Milo，金国平、谭剑虹译）中通过牛顿赞美了科学的美却曲高和寡：

O binómio de Newton é tão / 牛顿的二项式堪与米勒笔下的爱
belo como e Vénus de Milo,　神媲美
O que há é pouca gente para / 有识之士却寥寥无人
dar por isso.
óóóó —— óóóóóóóóó ——／呜，呜，呜，呜，——呜，呜，呜，
óóóóóóóóóóóóóóó　　　　　呜

小试君牛刀

民间流传的算题诗有很多，本章最后再举几个例子，读者可以自己尝试用前面提到过的方程、同余、勾股定理等方法求解。

众客来到此店中，一房九客一房空，
一房七客多七客，请问几客几房中。（答63客，8间房）

李白街上走，提壶去打酒。
遇店加一倍，见花喝一斗。
三遇店和花，喝光壶中酒。
试问此壶中，原有多少酒？（7/8斗）

遥望巍巍塔七层，红灯盏盏倍加增。
共灯三百八十一，试问塔顶几盏灯？（3盏）

院内秋千未起，离地极高一尺。
送行两步女娇嬉，五尺极高离地，
仕女佳人争蹴，终朝语笑欢戏，
良工高士请言知，借问索长有几？（14.5尺）

苏武当年去北边，不知去了几周年。
分明记得天边月，二百三十五番圆。（19年）

有一公公不记年，手持竹杖在门前。

借问公公年几岁，家中数目记分明。

一两八铢[1]泥弹子，每岁盘中放一丸。

日久年深经雨湿，总然化作一团泥。

称重八斤零八两，加减方知得几年。 （102岁）

今有程途二千七，十八人骑马七匹。

言定十里转轮骑，各人骑行怎得知 （每人应骑并骑乘为

1050里，乘行1650里）

足色黄金整一斤，银匠误侵四两银。

斤两虽然不曾耗，借问却该几色金 （7.14色）

八臂一头号夜叉，三头六臂是哪吒。

两处争强来斗胜，二相胜负正交加。

三十六头齐厮打，一百八手乱相抓。

旁边看者殷勤问，几个哪吒几夜叉？ （哪吒10个×3，夜叉6个×10↓）

赵嫂自言快绩麻，李宅张家雇了她。

李宅六斤十二两，二斤四两是张家。

共织七十二尺布，二家分布闹喧哗。

借问高明能算士，如何分得市无差 （李宅54尺，张家18尺）

_____

[1] 古代 1 斤 =16 两，1 两 =24 铢。

算题诗也可以写成算题词，用得最多的是西江月，其次是鹧鸪天、凤栖梧和水仙子。求解方法同前。

今有圆田一块，中间有个方池。

丈量田地待耕犁，恰好三分[1]在记。

池角至周有数，每边三步无疑。

内方圆径若能知，堪作算中第一。
（圆直径 10.12 步，方池 2.91 步）

张家三女孝顺，归家频望勤劳。

东村大女隔三朝，五日西村女到。

小女南乡路远，依然七日一遭。

何朝齐至饮香醪，请问英贤回报。
（105 日）

毛诗春秋周易书，九十四册共无余。

毛诗一册三人共，春秋一本四人呼。

一本周易五人读，要分三者几多书。

就见学生多少数，请君布算莫踌躇。
（学生 120 人，毛诗 40 册，春秋 30 本，周易 24 本）

---

[1] 古代以步计长，以平方步计面积，1分地等于24平方步。

猜谜

●

第四章

诗里乾坤几何佳

●

几何是研究空间结构及性质的一门学科。它是数学中最基本的研究内容之一。就艺术领域来说，几何与空间艺术关系更为密切。而诗歌是语言的艺术，类似于音乐，应该是时间的艺术。所以，从表面来看，几何似乎同诗歌关联不大。但事实并非如此，这一章我们将从形状、元素、意象、图像和难题等几个方面引导读者发现诗歌中的几何之美。

诗体有形状

因词序有首尾回环之意趣,回文诗又称回环诗。在这种意义上,回文诗本身就有圆形的几何形状。白居易、王安石、苏轼、黄庭坚、汤显祖等,均有形式各异的回文诗传世。而与这类诗歌一同流传下来的,还有那些或用情至深、或妙趣横生的故事。下面以苏轼(1037—1101)的回文诗《赏花》为例。

传说宋代六月的一天下午,苏小妹与长兄苏轼正荡舟湖上,欣赏无边景致,忽然有人呈上苏小妹丈夫秦少游捎来的一封书信。苏小妹打开一看,原来是一首别出心裁的回环诗:

虽然它仅有 14 个字,但才高八斗的苏小妹立即读出:

静思伊久阻归期,

久阻归期忆别离。

忆别离时闻漏转,

时闻漏转静思伊。

苏小妹心里暖暖，相思无限，才情四溢，便仿少游诗体，也作了一首回环诗，遥寄远方的亲人：

采莲人在绿杨津，
在绿杨津一阕新。
一阕新歌声漱玉，
歌声漱玉采莲人。

一旁的苏轼也不甘寂寞，略加沉吟，如法炮制，便提笔写了下面这首《赏花》回环诗：

赏花归去马如飞，
去马如飞酒力微。
酒力微醒时已暮，
醒时已暮赏花归。

随后，苏氏兄妹也派人将他们的诗作送与秦少游，诗的流传也形成了一个圆环。

顺便说一下，英文诗歌中也有回文，但较于我国的回文诗，其形式相对简单。当然，这可能与中外语言文字的形式密切相关。下面这首诗歌是英国女诗人玛利·柯勒律治（Mary Coleridge，1861—1907）的《缓步》（Slowly，笔者译），它运用句子的首尾往复，表达了一对恋人难舍难分、依依惜别的情景：

Heavy is my heart. / 我的心情沉颠，

Dark are thine eyes. / 你的眼神哀切，

Thou and I must part, / 我们必须离别，

Ere the sun rise. / 就在日出之前。

Ere the sun rise, / 就在日出之前，

Thou and I must part. / 我们必须离别，

Dark are thine eyes, / 你的眼神哀切，

Heavy is my heart. / 我的心情沉颠。

除了上面提到的隐有圆环之状的回文诗外，我国古代思想文化书籍中也不乏饱有几何之形的文字，下面两段文字分别摘自《易经》和《道德经》，从某种意义上，两者均有三角延展的格局：

是故，易有太极，是生两仪，两仪生四象，四象生八卦。

太极有道。道生一，一生二，二生三，三生万物。

当然，诗体本身直接呈现几何形状的诗歌也有很多。最为常见的就是具有矩形形状的我国古典诗词中的绝句与律诗，因此它们又被俗称为"方块诗"。这很好理解，在此不再展开阐述。还有一些诗歌表现为三角形等别出心裁的几何形状。下面我们先来欣赏一下唐代诗人元稹的《茶》，这首诗精巧玲珑，形如等腰三

角形，具有独特的结构美：

茶。

香叶，嫩芽。

慕诗客，爱僧家。

碾雕白玉，罗织红纱。

铫煎黄蕊色，碗转曲尘花。

夜后邀陪明月，晨前命对朝霞。

洗尽古今人不倦，将至醉后岂堪夸。

　　在西方，也有类似的以特殊几何形状排列的诗歌，例如伯弗特（William Skelly Burfort, 1927—2004）的《圣诞树》（A Christmas Tree，笔者译），其诗文所呈现的就是圣诞树的形态：

Star

If you are

A love compassionate

You will walk with us this year,

We face a glacial distance, who are here

Huddld

At your foot.

神灵

如果你是

富有怜悯情怀

你将陪我们走过今年，

你我有着冰冷的距离，而我们

挤在

你的脚前。

点线面元素

点、线、面是几何中的基本元素，无论是绘画还是建筑设计，它们的地位都不容小觑，越是简单的几何元素相组合往往就越容易给人带来意想不到的视觉冲击力。那么，诗人是如何描绘及看待几何元素的呢？这里，我们收集了一些直接描述几何元素或者用几何元素形容某些理念的诗歌与读者共同欣赏。

鸟儿在疾风中

迅速转向

少年去捡拾

一枚分币

葡萄藤因幻想

而延伸的触丝

海浪因退缩

而耸起的背脊

这首诗是当代著名诗人顾城（1956—1993）的《弧线》。急转弯的鸟、弯腰的少年、缠绕的藤蔓、翻滚的海浪，四个看似不相关的弧线描写，优美而又自然。而这些弧线的形成是有原因的，或主动或被动。当然，对于弧线的象征或暗示对象，读者还可以由此产生更深层次的联想和推测，而这种联想和推测也会因为读者的经历背景不同而不同。所以这首诗歌令人回味。

弧线尚且如此，那么诗人眼中的直线又是如何呢？俄罗斯诗人叶夫图申科（Yevgeny Aleksandrovich Yevtushenko，1933—2017）的诗歌《直线》[Straight，未找到俄文原文，瓦加波夫（Alec Vagapov）英译，笔者中译] 这么说：

Straightforwardness / 直线的通达

can be a little off. / 可能并不直接。

It's crooked inside, oblique and bending. / 它内涵着曲曲弯弯。

Though guiltless, / 尽管无辜，

life is guilty of presenting / 生活却表达着负罪纠结

a pattern which is not facile enough. / 其形式没那么简单。

Don't try to straighten out your life : / 不要尝试去矫正你的生活：

by simple logic / 用简单的逻辑

It's an attempt to mend or mar, and, I should say, / 这很可能适得其反，

听我建言，

a rectilinear path between two distant objects / 两点之间的直线，

historically, / 从历史上看

can be the longest way. / 有时路径最远。

　　我们都知道，两点间直线最短，然而诗人却反其道而述之，告诫人们生活有自己的轨迹，不要轻易去矫正，不然有可能愈拉愈弯，而直线可能变成了最长的路线。这和中国成语"欲速则不达"有异曲同工之妙。

17 世纪，英国著名诗人约翰·多恩（John Donne，1572—1631）曾用圆规描述一对情侣的爱恋（笔者译）：

If they be two, They are two so / 如果他们是两个，他们就成对

As stiff twin compasses are two; / 如同坚固的两脚圆规；

Thy soul, the fixed foot, makes no show / 灵魂是定脚，不是卖弄

To move, but doth, if th'other do. / 要换地，一起动。

同时期的另一位英国诗人安德鲁·马弗尔（Andrew Marvell，1621—1678）更是在《爱的定义》（The Definition of Love，笔者译）里直接用平行线表达无望而倾心的爱情，在此节选其中两小段供读者欣赏：

My love is of a birth as rare / 我的爱诞生于稀有

As 'tis for object strange and high; / 因为对象陌生而高冷；

It was begotten by Despair / 我被绝望忘却

Upon Impossibility. / 不可能就是基准。

As lines, so loves oblique may well / 就像直线，爱可以倾斜

Themselves in every angle greet; / 他们可在任何角度会面；

But ours so truly parallel, / 但我们的爱却绝对平行，

Though infinite, can never meet. / 即便无限，也无交点。

最简意象图

所谓意象，指的是客观物象通过创作主体独特的情感活动而创造出来的一种艺术形象。它与意境是诗歌鉴赏中两个极为重要的概念。从语义上分析，我们不难看出，意象是主观之象，可以感知，较为具体；而意境强调的是境界和情调，是需要领悟的，较为抽象。欲达意境必须要通过意象。意象中最为基本的就是几何意象，即其客观物象可抽象化为某种几何元素。诗人通过对一些物象用诗的语言的描述，让人产生联想，进入诗人构造的意象情景，从而体会诗人所要表达的情感和意境。这就是诗中的几何意象与几何元素之分。

枯藤老树昏鸦，

小桥流水人家，

古道西风瘦马，

夕阳西下，

断肠人在天涯。

元代著名戏曲家、作家、散曲家、杂剧家马致远（约1251—1321以后）在《天净沙·秋思》中通过极简的几何意象将没落与失意描绘得淋漓尽致：远处潺潺的流水（流体）以及跨过流水通向人家（集合）的小桥（连线）是背景，孤单直立的老树（垂线）只有弯缠的枯藤（曲线）和不会飞的昏鸦（点）为伴，而"人家"却不属于诗人，整个画面尽显苍凉；通往过去通向无穷远的古道（直线）上，西风（流体）和瘦马（动点）这些虽然能动却弱而难御的事物都无法带领诗人行走远方；再加一句没落的夕阳（球），最终点题：断肠人困在此地，而这里只是天涯（无穷平面）上的一点。

> 人有悲欢离合，月有阴晴圆缺，此事古难全。
> 但愿人长久，千里共婵娟。

这是宋代大诗人苏轼的《水调歌头·明月几时有》中的千古名句，其将人间悲欢离合用月亮的阴晴圆缺来隐喻。

> 大漠孤烟直，长河落日圆。

这是唐代诗人王维（701?—761）的五律《使至塞上》中的第三联，对仗工整练达，意境优美苍凉，好一派塞外风光。而数学家们在这里却看到了坐标、直线、平面、圆和动点。它们分别对应哪些事物意象，你能将其一一对应起来吗？

> 两个黄鹂鸣翠柳，一行白鹭上青天。
> 窗含西岭千秋雪，门泊东吴万里船。

这是杜甫（712—770）的著名绝句，从数学的观点看，几何味十足。第一句两个"点"（黄鹂），第二句一条"线"（白鹭），第三句一个"面"（西岭），第四句一个"体"（东吴），营造出了一种时空幽远的美妙意境。

图像诗函数

微积分的基础是函数。函数（function），最早由中国清朝数学家李善兰翻译，之所以这么翻译，他给出的理由是"凡此变数中函彼变数者，则此为彼之函数"。函数的表达可以是语言，可以是表格，可以是公式，也可以是图形。在诗歌里，直接用语言描述的函数不常见，多半是描述函数图像而成的景象。

唐代诗人白居易（772—846）在《赋得古原草送别》中通过野草的生生不息和春风的周期回暖描绘了一幅周期函数的图像。

离离原上草，一岁一枯荣。
野火烧不尽，春风吹又生。

美国诗人朗费罗（Henry Wadsworth Longfellow，1807—1882）在《金色的夕阳》（The Golden Sunset，笔者译）一诗中描述了海边落日的景象，诗中一再用到数学中的镜像反射的几何图像，如天对比海、天上的云对比海中的石，海面就是镜子，互相映衬，美不胜收。

The golden sea its mirror spreads / 金色大海似明镜

Beneath the golden skies, / 镶嵌金色天边，

And but a narrow strip between / 陆海一线狭长

Of land and shadow lies. / 天地形影相连。

The cloud-like rocks,the rock-like clouds / 云如岩，岩如云

Dissolved in glory float, / 濛濛互溶共潋滟，

And midway of the radiant flood, / 波光粼粼的水面，

Hangs silently the boat. / 悬浮着静静的小船。

The sea is but another sky, / 海是另一片天，

The sky a sea as well, / 天是另一片海，

And which is earth and which is heaven, / 何为陆地，何为苍穹？

The eye can scarcely tell. / 穷目难辨。

印度诗人泰戈尔（Rabindranath Tagore，1861—1941）在《飞鸟集》（*Stray Birds*，郑振铎译）中有两句名句也刻画了镜像函数图像，想象也很丰富：

第35首

The bird wishes it were a cloud. / 鸟儿愿为一朵云。

The cloud wishes it were a bird. / 云儿愿为一只鸟。

第103首

Roots are the branches down in the earth. / 根是地下的枝。
Branches are roots in the air. / 枝是空中的根。

如果镜像中的"像"在我们的想象中对应幻影，那么幻影可观吗？唐代诗人白居易在《观幻》中是这么吟诵的：

> 有起皆因灭，无暌不暂同。
>
> 从欢终作戚，转苦又成空。
>
> 次第花生眼，须臾烛过风。
>
> 更无寻觅处，鸟迹印空中。

数 学
档 案

函数是指两个数集中变量之间的对应法则，当一个变量变动时，另一个变量与之有一个不多于一个的对应。

周期函数指该函数对任一自变量和一个固定非零常数，其函数值等于其关于这个自变量加上这个固定常数后的函数值。这个固定值就是这个周期函数的周期。

镜像函数指该函数的函数图像关于平面上的某条直线对称（二维）或者在空间上关于某个平面对称（三维）。

在某种意义上，我们可以把函数分为两类，一类是人们可以"看到"其图像的一般函数，另一类是只在我们的想象中存在的特殊函数，它们往往比普通的函数更广泛、更抽象，在数学上，我们把它们称为广义函数。狄拉克函数（δ 函数）就是其中之一。它在物理中有大量应用，但它的图像却无法被画出来，我们只可以通过它的近似图像，想象这些近似图像的极限来理解它。

唐代诗人岑参（约 715—770）的《与高适薛据同登慈恩寺浮图》可以看成诗人通过塔势的描述对狄拉克函数的近似几何图像有个唯美的刻画：

数 学
档 案

δ 函数即狄拉克函数。它是一个广义函数，在物理学中常用其表示质点、点电荷等理想模型的密度分布，该函数在除了零以外的点取值都等于零，而其在整个定义域上的积分等于1。其数学表达式为：

$$\begin{cases} \delta(t) = 0 & t \neq 0 \\ \int_{-\infty}^{+\infty} \delta(t)\, dt = 1 \end{cases}$$

其近似图像为：

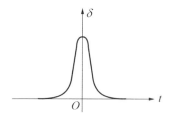

塔势如涌出，孤高耸天宫。

登临出世界，磴道盘虚空。

突兀压神州，峥嵘如鬼工。

四角碍白日，七层摩苍穹。

下窥指高鸟，俯听闻惊风。

连山若波涛，奔凑似朝东。

青槐夹驰道，宫馆何玲珑。

秋色从西来，苍然满关中。

五陵北原上，万古青濛濛。

净理了可悟，胜因夙所宗。

誓将挂冠去，觉道资无穷。

毛泽东的《十六字令三首·山》，这三首诗词综合用到多项数学元素，第一首山是距离算术，第二首山是波动函数，第三首山是几何形态。

山，快马加鞭未下鞍。惊回首，离天三尺三。

山，倒海翻江卷巨澜。奔腾急，万马战犹酣。

山，刺破青天锷未残。天欲堕，赖以拄其间。

难题也入诗

在数学中，几何是一门古老而现今仍然有大量未解难题的学科，这些难题极有趣味又极具挑战，三体问题就是其中之一。著名科幻作家刘慈欣以此命名了他的一部科幻作品。有意思的是，诗仙李白（701—762）的《月下独酌》竟然描述了这个著名的"三体"问题。

数　学
档　案

三体问题是天体力学中的基本力学模型。它是指三个质量、初始位置和初始速度都是任意的可视为质点的天体，在相互万有引力的作用下的运动规律问题。现已知，三体问题不能精确求解，只有几种特殊情况已研究。最简单的一个三体例子就是太阳系中太阳、地球和月球的运动。

在1900年第一次数学家大会上，数学家希尔伯特（David Hilbert）在他著名的演讲中提出了23个困难的数学问题，这些问题在20世纪的数学发展中起到了非常重要的作用。在同一演讲中，希尔伯特还提出了他所认为的完美的数学问题，即问题既能被简明清楚地表达出来，然而问题的解决又是如此的困难以至于必须要有全新的思想方法。为此，希尔伯特举了两个最典型的例子，三体问题就是其中之一。

至于三体问题或者更一般的N体问题（N大于2），在被提出以后的200年里，被18和19世纪几乎所有著名的数学家都尝试过，但是问题的进展却微乎其微。

花间一壶酒，独酌无相亲。

举杯邀明月，对影成三人。

月既不解饮，影徒随我身。

暂伴月将影，行乐须及春。

我歌月徘徊，我舞影零乱。

醒时同交欢，醉后各分散。

永结无情游，相期邈云汉。

这里，月亮、李白和影子就形成了一组"三体"。在李白的月下醉舞中，三个物体不断变换位置，描述了一幅绝妙的三体几何图像。

加拿大法语诗人加尔诺（Hector de Saint-Denys Garneau，1912—1943）在《未来正在使我们拖延》（L'avenir nous met en retard，佚名译，节选有修改）中用几何解释世界和人生，这也不失是对生活难题的一个几何解释：

L'avenir nous met en retard	/ 未来正在使我们拖延
Demain c'est comme hier on n'y peut pas toucher	/ 明天和昨天一样是我们无法触及的
On a la vie devant soi comme un boulet lourd aux talons	/ 生活就摆在我们面前就像戴了沉重的脚镣
Le vent dans le dos nous écrase le front contre l'air	/ 风拂过背打压着我们的额头
On se perd pas à pas	/ 我们一步步地迷失自己
On perd ses pas un à un	/ 我们丢了自己的脚步一个又一个
On se perd dans ses pas	/ 我们迷失在自己的脚步中
Ce qui s'appelle des pas perdus	/ 他们被称为迷失的步子
Voici la terre sous nos pieds	/ 这是我们脚下的土地
Plate comme une grande table	/ 平坦得像一张大大的桌子
Seulement on n'en voit pas le bout	/ 只是让人望不到尽头
C'est à cause de nos yeux qui sont mauvais	/ 这是因为我们缺少发现的眼睛
On n'en voit pas non plus le dessous	/ 我们不会再不注意脚下
D'habitude	/ 像往常那样
Et c'est dommage	/ 这是令人遗憾的
Car il s'y décide des choses capitales	/ 因为我们要开始决心做一些基本的事情

A propos de nos pieds et de nos pas / 有关我们的脚和脚步

C'est là que se livrent des concili— / 也就是我们要进行一些几何学

abulesgéométriques / 的秘密交谈

Qui nous ont pour centre et pour / 他们是点和地点

lieu

C'est là que la succession des / 也就是连续的点会连成一条线

points devient une ligne

Une ficelle attachée à nous / 一条绳子系在我们身上

Et que le jeu se fait terriblement pur / 这是一个极其简单的游戏

D'une implacable constance dans / 以坚定的毅力行走

sa marche au bout qui est le cercle

Cette prison. / 最终形成不能脱轨的圆。

我们的想象，也是一个世界，那里也有几何成像，怎么解释想象世界中那些看不见摸不着的幻象呢？这算是个几何难题吗？美国诗人惠特曼（Walt Whitman，1819—1892）在其《草叶集》（*Leaves of Grass*）中的《幻象》（*Eidolons*，李野光译）中以诗的语言描述了幻象空间，节选一部分供读者欣赏：

诗 人
小 传　　沃尔特·惠特曼出生于纽约长岛，美国著名诗人、人文主义者，创造了诗歌的自由体，其代表作品是诗集《草叶集》。

I met a seer, / 我遇见一位先知，

Passing the hues and objects of the / 他在世界的万象万物前徜徉，
world,

The fields of art and learning, / 涉猎艺术、学问、乐趣和官能
pleasure, sense, / 的领域，

To glean eidolons. / 为了要捡拾幻象。

Put in thy chants said he, / 他说不要再采纳，

No more the puzzling hour nor / 那些费解的时辰或日子，或者
day, nor segments, parts, put in, / 是部分、碎片，

Put first before the rest as light for / 首先要采纳幻象，如普照的光，
all and entrance-song of all, / 如开场的乐曲，

That of eidolons. / 要把幻象纳入你的诗篇。

Ever the dim beginning, / 永远是混沌初开，

Ever the growth, the rounding of / 永远是周期循环，是成长，
the circle,

Ever the summit and the merge at / 永远是顶点和最终的融合（当
last, (to surely start again,) / 然要重新开始），

Eidolons! eidolons! / 是幻象，是幻象！

Ever the mutable, / 永远是可变的。

Ever materials, changing, / 永远是物质，变化着，碎裂着，
crumbling, re-cohering, / 又重新粘合，

Ever the ateliers, the factories / 永远是画室，是神圣的工厂，
divine,

Issuing eidolons. / 生产着幻象。

Lo, I or you, / 瞧，我或你，

Or woman, man, or state, known / 或者女人、男人，或者国家，

or unknown, 无论有无名望，

We seeming solid wealth, strength, / 我们好像在建造真正的财富、

beauty build, 力量和美，

But really build eidolons. / 但实际是建造幻象。

猜

谜

●

1. 清点信件（打一大学数学名词）

2. 曲高和寡（打一大学数学名词）

2. 重积分

1. 偏微积

第五章

数意诗情哲理隐

就诗歌所表现的内容来说，下面我们要聊的是"哲理诗"。这类诗歌多将抽象的哲理隐于鲜明的艺术形象之中，内容相对深沉浑厚、含蓄隽永。当然，这里我所挑选的哲理诗，均是数学味颇浓的诗歌，所以我们还称其为"数理诗"。以数学思想或数学方法的不同为别，我们开始逐类领略它们的理致与诗趣。

对比与比较

比较是一个非常数学化的概念，它在数学活动中的地位可谓不低，有专门的符号（不等号）来说明关系，通常用来研究性质、决定方向、确立优化、规划控制等。

饱含"比较"意味的诗歌有很多，极具代表性的是匈牙利诗人裴多菲（Petöfi Sándor，1823—1849）1947年创作的短诗《自由与爱情》（Szabadság，Szerelem，殷夫译）：

生命诚可贵，
爱情价更高。
若为自由故，
两者皆可抛。

整首诗将生命、爱情和自由作了抽象比较，表达了诗人为自由不惜一切代价的决心。这个版本为中国左翼作家联盟著名作家殷夫根据中国古诗的特点而意译的，读起来朗朗上口，最为人们

诗 人
小 传

裴多菲·山陀尔，匈牙利的爱国诗人和英雄，也是匈牙利民族文学的奠基人，革命民主主义者，26岁时在瑟克什堡大血战中同沙俄军队作战中牺牲。

所熟悉。但相对原诗来说，该译文作了较多改动。有兴趣的读者不妨参照阅读其匈牙利原文版、英译版，以及翻译家兴万生的译文：

Szabadság, Szerelem! / Liberty and love! / 自由与爱情！

E kettő kell nekem. / These two I must have, / 我都为之倾心。

Szerelmemért fouml; láldozom / For love, I will, / 为了爱情，

Az életet, / sacrifice my life; / 我宁愿牺牲生命；

Szabadságért fouml; láldozom / For liberty,I will, / 为了自由，

Szerelmemet. / sacrifice my love. / 我宁愿牺牲爱情。

数学告诉我们，比较需要在同一个度量下进行，不然难有定论，这也是比较的一大局限性。而度量的关键法则就是建立参照体系，即找到空间中每个比较成员所共有的可度的量，并把它映射到一维空间再行比较。

宋朝诗人卢梅坡在《雪梅》一诗中是这样描述梅和雪的：

梅雪争春未肯降，骚人阁笔费评章。

梅须逊雪三分白，雪却输梅一段香。

全诗运用对比的手法，道出了雪和梅各有各的精彩，各有各的不足。

比较依赖于人为约定，当度量一变或者参照系一变，比较关系很可能也变了。即便在简单的二维空间，纯粹的比较也是无法

进行的，因为一个坐标变换就可以颠覆原先的比较关系。但是在复杂的泛函空间，只要是定义了度量，比较都可以进行，并可以在此基础上进一步作估计、控制，以及收敛性研究等工作。当然，其度量往往不是唯一的，在不同的度量下，两个空间元的关系也很可能不唯一。

下面一组富有比较意味的诗出自印度伟大诗人泰戈尔的《飞鸟集》（郑振铎译）。原诗是用孟加拉语写就的，但多数作品已由诗人自行翻译成了英文，这在某种程度上来说，相当于二度创作，我国流行的几个译本基本上是从英译本译过来的：

第57首

We come nearest to the great / 当我们是大为谦卑的时候，

when we are great in humility. / 便是我们最接近伟大的时候。

第82首

Let life be beautiful like summer flowers / 使生如夏花之绚烂，

and death like autumn leaves. / 死如秋叶之静美。

第84首

In death the many becomes one; / 在死的时候，众多合而为一；

in life the one becomes many. / 在生的时候，一化为众多。

Religion will be one when God is dead. / 神死了的时候，宗教便将

合而为一。

第88首

"You are the big drop of dew under the lotus leaf, / 露珠对湖水说道：

I am the smaller one on its upper side,"/ "你是在荷叶下面的大露珠，

said the dewdrop to the lake. / 我是在荷叶上面的较小的露珠。"

第90首

In darkness / 在黑暗中，

the One appears as uniform; / "一"视若一体；

in the light / 在光亮中，

the One appears as manifold. / "一"便视若众多。

第156首

The Great walks with the Small without fear. / 大的不怕与小的同游。

The Middling keeps aloof. / 居中的却远而避之。

第197首

By touching you may kill, / 接触着，你许会杀害；

by keeping away you may possess. / 远离着，你许会占有。

第210首

The best does not come alone. / 最好的东西不是独来的，

It comes with the company of the all. / 它伴了所有的东西同来。

美国女诗人狄金森在她的小诗《头脑，比天空辽阔》（The Brain — Is Wider Than the Sky —，　江枫译）中对比较也有独到的看法：

The Brain — is wider than the Sky — / 头脑，比天空辽阔 —
For — put them side by side — / 因为，把他们放在一起 —
The one the other will contain / 一个能包容另一个
With ease — and You — beside — / 轻易，而且，还能容你 —

The Brain is deeper than the sea — / 头脑，比海洋更深 —
For — hold them — Blue to Blue — / 因为，对比他们，蓝对蓝 —
The one the other will absorb — / 一个能吸收另一个
As Sponges — Buckets — do — / 像水桶，也像，海绵 —

The Brain is just the weight of God — / 头脑，和上帝相等 —
For — Heft them — Pound for Pound — / 因为，称一称，一磅对一磅 —
And they will differ — if they do — / 他们，如果有区别 —
As Syllable from Sound — / 就像音节，不同于音响 —

狄金森在《过分欢乐的时光自行消散》（Too Happy Time Dissolves Itself，江枫译）中这样比较欢乐和痛苦：

Too happy Time dissolves itself / 过分欢乐的时光自行消散，

And leaves no remnant by —— / 不留一点痕迹 ——

'Tis Anguish not a Feather hath / 痛苦不长一根羽毛，

Or too much weight to fly —— / 或是太重，难以飞去 ——

下面这首《火与冰》（Fire and Ice，屠岸译）是 20 世纪美国著名诗人罗伯特·弗罗斯特（Robert Frost，1874—1963）在 1923 年创作的广受欢迎的抒情诗：

诗人小传　　艾米莉·狄金森，美国 19 世纪中后叶一位深居简出、在世默默无闻、现又充满谜团的女诗人。她创作了近 1800 首诗，虽然在世时只匿名发表了几首诗作，却引发并推动了英美现代主义诗歌的发展，成为美国诗歌史上为数不多的大诗人之一。

Some say the world will end in fire, / 有人说世界将毁于烈火，

Some say in ice. / 有人说毁于冰。

From what I've tasted of desire / 我对于欲望体味得够多，

I hold with those who favor fire. / 所以我赞同这意见：毁于火。

But if it had to perish twice, / 但如果世界须两次沉沦，

I think I know enough of hate / 那么对憎恨我懂得深切，

To say that for destruction ice / 我会说，论破坏力量，冰

Is also great / 也同样酷烈，

And would suffice. / 足能胜任。

这首诗歌用火象征激情与欲望，用冰象征冷酷和仇恨，从世界毁灭于火或者冰的可能出发，通过比较分析火与冰这两种极具毁灭性的力量，最终得出同样"酷烈"（great）的结论，对比的美感洋溢在韵律间。

你，

一会看我，

一会看云。

我觉得，

你看我时很远，

你看云时很近。

这是我国现代著名诗人顾城的小诗《远和近》，暗喻了抽象距离在不同空间对比的感觉。

有异曲同工之妙的还有美国女诗人狄金森的诗：

《我们之间的距离》（That Distance Was Between US，江枫译）

That Distance was between Us / 我们之间的距离

That is not of Mile or Main —— / 不是英里和海里——

The Will it is that situates —— / 意志坐落其中

Equator —— never can —— / 赤道——不能

《如果记住就是忘却》（If Recollecting Were Forgetting，江枫译）

If recollecting were forgetting, / 如果记住就是忘却

Then I remember not. / 我将不再回忆！

And if forgetting, recollecting, / 如果忘却就是记住

How near I had forgot. / 我多么接近于忘却！

And if to miss, were merry, / 如果相思，是娱乐，

And to mourn, were gay, / 而哀悼，是喜悦，

How very blithe the fingers / 那些手指何等欢快，今天，

That gathered this, Today! / 我采撷到了这些！

狄金森还比较了爱情、生命和死亡，还有阳光和黑暗（江枫译）：

Love — is anterior to Life — / 爱，先于生命—

Posterior — to Death — / 后于，死亡—

Initial of Creation, and / 是创造的起点—

The Exponent of Breath — / 世界的原型—

Had I not seen the Sun / 我本可以容忍黑暗

I could have borne the shade / 如果我不曾见过太阳

But Light a newer Wilderness / 然而阳光已使我荒凉

My Wilderness has made — / 成为更新的荒凉—

　　除了人与人之间的距离，狄金森还描述了人与自然的距离、人与天堂和地狱之间的距离（笔者译）：

How far is it to Heaven? / 天堂在哪里？

As far as Death this way — / 遥远如死亡—

Of River or of Ridge beyond / 跨越山和水，

Was no discovery. / 不知到何方。

How far is it to Hell? / 地狱在哪里？

As far as Death this way — / 遥远如死亡—

How far left hand the Sepulchre / 摸索身边坟，

Defies Topography. / 地形难测量。

对于满和损、亏与盈，清代书画家、文学家郑燮（1693—1765）是这么说的：

满者损之机，亏者盈之渐。

损于己则益于彼，外得人情之平，内得我心之安，既平且安，福即是矣。

有用和无用往往是相对的，有用的用可见，而无用的用难见。庄子（约公元前369—前286）在《庄子·人世间》中说：

山木自寇也，膏火自煎也。

桂可食，故伐之，漆可用，故割之。

人皆知有用之用，而莫知无用之用也。

德国文学家歌德（Johann Wolfgang von Goethe, 1749—1832）在文学上的成就是多方面的，他的诗歌被法国著名思想家、文学家和批评家罗曼·罗兰（Romain Rolland, 1866—1944）誉为"放在歌德金字塔顶端的花束"，德国诗人海涅（Heinrich Heine, 1797—1856）也形容道："斯宾诺莎的学说咬破了数学形式的茧儿，变成歌德的诗歌飞舞在我们周围。"下面这首《阴影和阳光》（笔者译）只是歌德众多杰作中的一笔：

Wo viel Licht ist, / 阴影深邃，

ist starker Schatten. / 在阳光热烈的地方。

量化用数学

日常生活中，我们常常用到"量化"。所谓量化，指的就是目标或任务具体明确，可清晰度量。古往今来，"爱"、"思念"、"痛苦"、"恨"等情感都是诗歌永恒的主题，若将这些抽象的情感加以数学量化，则更能增强其丰沛度和穿透力。这里我们只举一个"愁"字，看中国文人墨客如何描述它的情感程度。

用数数的方式：

> 汴水流，泗水流，流到瓜洲古渡头，吴山点点愁。
>
> ——唐 白居易《长相思》

诗人小传

约翰·沃尔夫冈·冯·歌德，德国著名思想家、作家、科学家、魏玛的古典主义最著名的代表。而作为诗歌、戏剧和散文作品的创作者，他是最伟大的德国作家之一，也是世界文学领域的一个出类拔萃的光辉人物。

歌德从 8 岁开始写诗，70 多年间，创作诗歌达 2500 篇以上，包括抒情诗、叙事诗、歌谣以及歌剧等。歌德的诗歌艺术形式多样。有激情，有深思，更有明澈的智慧。

他的传世作品有《少年维特之烦恼》、《浮士德》等。

算空有并刀，难剪离愁千缕。

——宋 姜夔《长亭怨慢》

花自飘零水自流。一种相思，两处闲愁。此情无计可消除，才下眉头，却上心头。

——宋 李清照《一剪梅》

凝眸处，从今又添，一段新愁。

——宋 李清照《凤凰台上忆吹箫》

已是黄昏独自愁，更著风和雨。

——宋 陆游《卜算子·咏梅》

用长度描述的方式：

白发三千丈，缘愁似个长。

——唐 李白《秋浦歌》

景为春时短，愁随别夜长。

——唐 唐彦谦《春残》

用量器描述的方式：

东风恶，欢情薄，一怀愁绪，几年离索。错，错，错！

——宋 陆游《钗头凤》

新妆宜面下朱楼，深锁春光一院愁。

——唐 刘禹锡《春词》

江水添将愁更满，茫茫直与长天远。

——明 屈大均《鹊踏枝》

用重量描述的方式：

只恐双溪舴艋舟，载不动，许多愁。

——宋 李清照《武陵春》

一片春愁，渐吹渐起，恰似春云。

——清 蒋春霖《柳梢青》

用力量描述的方式：

而今识尽愁滋味，欲说还休。欲说还休，却道天凉好个秋。

——宋 辛弃疾《丑奴儿》

啼鸟惊魂，飞花溅泪，山河愁锁春深。

——近代 吕碧城《高阳台》

绿杨芳草几时休？泪眼愁肠先已断。

——宋 钱惟演《玉楼春》

愁损翠黛双眉，日日花闲独凭。

——宋 史达祖《双双燕》

用虚测描述的方式：

别有幽愁暗恨生，此时无声胜有声。

——唐 白居易《琵琶行》

用速度描述的方式：

但愁千骑至，石路却生尘。

——唐 刘长卿《酬滁州李十六使君见赠》

用持续描述的方式：

试问闲愁都几许？一川烟草，满城风絮，梅子黄时雨。

——宋 贺铸《青玉案》

便做春江都是泪，流不尽，许多愁。

——宋 秦观《江城子》

离愁渐行渐无穷，迢迢不断如春水。

——宋 欧阳修《踏莎行》

把愁写得最惊心动魄、气势磅礴、动荡无限的作品，当属南唐后主李煜的《虞美人》：

问君能有几多愁，恰似一江春水向东流。

世界多随机

随机是一个数学用语，主要用来形容某件事情的结果在一系列可能性之中。对随机现象的研究是比较近代的事，因其不确定性，概率论和统计学应运而生。对于诗人来说，这种不确定性恰好给了他们巨大的创作空间。

There are two Mays / 有两个可能，
And then a Must / 有一个必然，
And after that a Shall. / 还有一个应该。
How infinite the compromise / 无限的折中，
That indicates I will! / 是我愿！

可能至少有两个，而必然只有一个。应该是什么？我愿的位置在哪？这首将可能和必然之间的关系、主观的位置描述得如此精彩的诗出自狄金森的短诗《有两个可能》（There Are Two Mays，江枫译）。

下面一组诗是泰戈尔《飞鸟集》（郑振铎译）的名句，诗人将概率、随机、选择等数学概念的哲理性用诗的语言吟诵得丝丝入扣。

第20首

I cannot choose the best. / 我不能选择那最好的。

The best chooses me. / 是那最好的选择了我。

第62首

The Perfect decks itself in beauty for / "完全"为了对"不全"的
the love of the Imperfect. 爱,把自己装饰得美丽。

第129首

Asks the Possible to the Impossible, / "可能"问"不可能"道:
Where is your dwelling-place? / "你住在什么地方呢?"
In the dreams of the impotent, comes / 它回答道:"在那无能为力
the answer. 者的梦境里。"

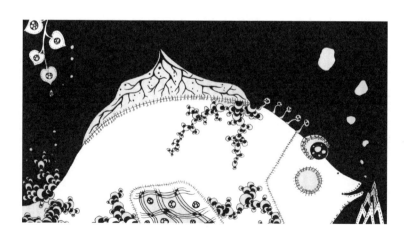

在未来不确定的情形下，选择是一件很困难的事。古希腊著名唯物主义哲学家赫拉克利特（Heraclītos，约公元前 540—约前480 与 470 之间）曾说过（古希腊语，佚名译）：

ποταμοῖσι τοῖσιν αὐτοῖσιν ἐμβαίνουσιν, ἕτερα καὶ ἕτερα ὕδατα ἐπιρρεῖ.

Ever-newer waters flow on those who step into the same rivers.

你踏过的同一条河流淌的是不同的水。

δὶς ἐς τὸν αὐτὸν ποταμὸν οὐκ ἂν ἐμβαίης.

You could not step twice into the same river.

一个人不可能两次踏进同一条河流。

英国大文豪莎士比亚通过哈姆雷特之口喊出了千古之问：

To be, or not to be: that is the question. /生存还是毁灭，这是个问题。

而下面这首《未选择的路》（The Road Not Taken，笔者译）是美国著名诗人罗伯特·弗罗斯特的著名诗篇。它展现了现实生活中人们处在十字路口时难以抉择的心情。诗人面对抉择，遗憾"鱼和熊掌不可兼得"，而一旦决定那就要坚定地走下去，尽管在多年以后的回忆中也许会轻声叹息。总的来说，这首诗朴实无华而清新隽永，韵律优美且寓意深刻。

Two roads diverged in a yellow wood, / 黄黄的树丛中分出两路

And sorry I could not travel both / 遗憾我不能同时踏入

And be one traveler, long I stood / 身为旅人我伫立踌躇

And looked down one as far as I could / 小路蜿蜒，极目无穷

To where it bent in the undergrowth; / 弯弯曲曲消失在灌木丛

Then took the other, as just as fair, / 二择一我上了另条路

And having perhaps the better claim, / 心里希望选择没错

Because it was grassy and wanted wear; / 因为它青草峥嵘无人行走

Though as for that the passing there / 尽管人足稀少

Had worn them really about the same, / 看不出有什么不同

And both that morning equally lay / 那天早上落叶满地

In leaves no step had trodden black. / 两边都脚印难觅

Oh, I kept the first for another day! / 第一条路或许改日再走

Yet knowing how way leads on to way, / 但知道路儿接着路儿

I doubted if I should ever come back. / 我怀疑能否重新来过

I shall be telling this with a sigh / 说到这里我只能委以叹息

Somewhere ages and ages hence: / 在很多很多年之后

Two roads diverged in a wood, and I— / 林中两路分岔

I took the one less traveled by, / 我未随众从流

And that has made all the difference. / 而且选择决定了我的归属

有选择就有幸运。英国诗人乔叟（Geoffrey Chaucer，约 1343—1400）就以这个话题写了一首《幸运辩》（Fortune），该诗分为 5 个小节，分别为："控告幸运"、"幸运答辩"、"反驳幸运"、"幸运再辩"和"幸运跋词"。这里我们来欣赏他的"幸运答辩"中的一段（方重译）：

No man is wrecched,but / 谁都不会倒霉，除非你自认无能
himself it wene,
And he that hath himself / 凡人能自有把握，方得事事如意
hath suffisaunce.
Why seystow thanne I am to / 如果你相信已远离了我的禁城
thee so kene,
That hast thyself out of my / 为什么又说我待你过于严厉？
governaunce?
Sey thus："Graunt mercy of / 你向我求道："愿你宽恩护庇，
thyn haboundaunce
That thou hast lent or this." / 像你过去一般"那你又何须斗争？
Why wolt thou stryve?
What wostow yit how I thee / 为你的前途你怎知我讲如何提携？
wol avaunce?
And eek thou hast thy beste / 何况，你还有挚友在为你关心。
frend alyve.

客观事物有很多随机性，然而在主观上，即便对于同一件事物，不同的人也有不同的看法。英国诗人兰布里奇（Friederick Langbridge，1849—1923）在他的小诗《悲观者和乐天派》（Passismist and Optimist，笔者译）里这样说：

Two men look out through the same bars: / 两个人透过同一个窗栏：
One sees the mud, and one the stars. / 一个看到泥潭，一个看到星空。

著名英国诗人拜伦（George Gordon Byron，1788—1824）对此也有类似的看法（佚名译）：

Pessimistic people have ceased to live, / 悲观的人虽生犹死，
optimistic person never dies. / 乐观的人永生不老。

随机的世界让人困惑，上帝又何尝不是？他自己也很"随机"！木心（1927—2011）这样调侃：

宇宙
合理庄严
均衡伟美

因为
上帝

不掷骰子

上帝
即骰子
它被掷了

木心的这首《骰子论》，沿用爱因斯坦"上帝不是在扔骰子"的名言，却更深刻。爱因斯坦相信世界是有秩序有规律的，但今天我们却发现世界的诸多不确定性。所以木心说上帝自己就充满不确定性。

对于朦胧模糊不确定的描述，中国古人也有很多精彩诗句。白居易的《花非花》便是其一，诗人把如影如幻的感觉写得如此飘渺：

花非花，雾非雾。夜半来，天明去。
来如春梦几多时？去似朝云无觅处。

时间与空间

数理诗当然包括那些对时间、空间、无穷、相对等数学理念进行思考、感慨、咏唱的诗歌，而这些诗歌也经常引发出诗人对人生和大自然的感悟。

惟天地之无穷兮，哀人生之长勤。

往者余弗及兮，来者吾不闻。

这两联出自先秦诗人屈原（约公元前 340—约前 278）的古诗《远游》，其中不乏对天地、人生、空间和时间的思辨。

前不见古人，

后不见来者。

念天地之悠悠，

独怆然而涕下。

这首诗是陈子昂（659—700）的《登幽州台歌》，与屈原的诗《远游》有异曲同工之妙，只是顺序有所变化。全诗意境浑然苍茫大气，把数学物理的时空拉到了无穷。前两句拽的是时间轴，第一句将时间从负无穷拽至当下，第二句又将时间从当下拽到正无穷；后两句撑的是空间，第三句将空间撑到无穷远，最后一句又将空间拉回到自身这个坐标原点。

李白在《春夜宴从弟桃花园序》和《将进酒》中气势磅礴地

诗人小传　　陈子昂，字伯玉，梓州射洪（今四川省遂宁市射洪县）人，唐代诗人，初唐诗文革新人物之一。因曾任右拾遗，后世称陈拾遗。

描述了时空，在《宣州谢朓楼饯别校书叔云》中万般无奈地感叹时间流逝，又在《把酒问天》中描述时空转换中的坐标对照：

夫天地者，万物之逆旅；
光阴者，百代之过客。

君不见黄河之水天上来，奔流到海不复回
君不见高堂明镜悲白发，朝如青丝暮成雪

弃我去者，昨日之日不可留；
乱我心者，今日之日多烦忧。

今人不见古时月，今月曾经照古人。
古人今人若流水，共看明月皆如此。
唯愿当歌对酒时，月光长照金樽里。

唐代诗人张若虚（约647—约730）在《春江花月夜》里也有同感：

江畔何人初见月？江月何年初照人？
人生代代无穷已，江月年年只相似。
不知江月待何人，但见长江送流水。

时间的流逝和人生的短暂是所有人的痛，明代诗人钱福（1461—1504）的《明日歌》这样唱：

> 明日复明日，明日何其多。
> 我生待明日，万事成蹉跎。
> 世人若被明日累，春去秋来老将至。
> 朝看水东流，暮看日西坠。
> 百年明日能几何？请君听我明日歌。

同样感叹的还有流传甚广的乐府诗《长歌行》：

> 百川东到海，何时复西归。
> 少壮不努力，老大徒伤悲。

我们最熟悉的时空就是大自然，古今中外的诗人都对大自然发出由衷的赞叹。《周易·系辞》中如此刻画自然：

> 夫《易》广矣大矣，以言乎远则不御，
> 以言乎迩则静而正，以言乎天地之间则备矣。
> 夫乾，其静也专，其动也直，是以大生焉。
> 夫坤，其静也翕，其动也辟，是以广生焉。
> 广大配天地，变通配四时，
> 阴阳之义配日月，易简之善配至德。

英国诗人马洛（Christopher Marlowe，1564—1593）的诗作《大自然》（Nature，孙梁译）也是描写自然的杰作：

Nature that framed us of four elements, / 大自然赋予人四种元素

Warring within our breasts for regiment, / 在内心冲突，争着控制性灵

Doth teach us all to have aspring minds: / 造化启迪众生奋发而探索

Our souls, whose faculties can comprehend / 人的灵魂能理解万物

The wondrous architeculties of the world, / 领悟宇宙的神奇结构

And measure every planet's course; / 测量天体运行轨迹

Still climbing sfter knowledge infinite, / 不断追求无穷知识

And always moving as the restlesss spheres, / 宛如星球生生不息

Will us to wear ourselves and never rest, / 性灵敦促我们锲而不舍

Until we reach the ripest fruit of all. / 直到采摘封锁的果实

唐朝诗人王之涣（688—742）将人类的有限目光放到无穷的大自然中，心却飞得更远。这种悠悠感在短短的诗歌中绵绵不尽：

白日依山尽，黄河入海流。
欲穷千里目，更上一层楼。

王之涣这种感慨古今中外皆有之，歌德在他的《浮士德》（Faust）之《神秘的和歌》（Chorus Mysticus，梁宗岱译）中也咏叹道：

Alles Vergängliche, / 一切消逝的

Ist nur ein Gleichnis; / 不过是象征；

Das Unzulängliche, / 那不美满的

Hier, wird's Ereignis; / 在这里完成；

Das Unbeschrei bliche, / 不可言喻的

Hier ist's getan; / 在这里实行；

Das Ewig-Wei bliche, / 永恒的女性

Zieht uns hinan. / 引我们上升。

　　下面这首《我不能证明岁月有脚》（I Could Not Prove the Years Had Feet，笔者译）是狄金森的诗。岁月有脚没脚？它那无形的脚步确确实实地存在，我们时时刻刻听到脚步的声音，滴滴答答，一步一步地踩在心上，踩出一生一世的年轮。在与岁月时间脚步的竞争中，昨天的"我"落后于今天"我"的生命。

I could not prove the Years had feet — / 我无法证明岁月有脚 —

Yet confident they run / 却确信它们在跑，

Am I, from symptoms that are past / 我是从过去找到征候，

And Series that are done — / 那已完成的序列验兆 —

I find my feet have further Goals — / 我发现我的脚有更远的目标 —

I smile upon the Aims / 我对这个目的发笑 —

That felt so ample — Yesterday — / 昨天，它们似乎宏伟 —

Today's — have vaster claims — / 今天，要求已更高 —

I do not doubt the self I was / 我不怀疑昨日的自我

Was competent to me — / 曾经和我完全配套 —

But something awkward in the fit — / 但是现在有些不符, 证明了 —

Proves that — outgrown — I see — / 它已跟不上我的生命之骄 —

传说年轻的爱因斯坦 1911 年在布拉格大学校园里的草地上回答一位学生的请求"请您通俗地解释一下, 什么叫相对论?"爱因斯坦微笑着答道: "如果你在一个漂亮的姑娘旁边坐了两个小时, 就会觉得只过了一分钟; 而你若在一个火炉旁边坐着, 即使只坐一分钟, 也会感觉到已过了两个小时。这就是相对论。"狄金森的《等待一小时, 太久》(To Wait an Hour—Is Long—, 江枫译) 对时间的相对性刻画得很妙:

To wait an Hour—is long— / 等待一小时, 太久

If Love be just beyond— / 如果爱恰巧在这之后

To wait Eternity—is short— / 等待一万年, 不长

If love rewards the end— / 如果, 终于有爱作为回报

但是, 狄金森的笔下, 时间的相对性于痛苦面前似乎不再起作用 (江枫译):

They say that "Time assuages" — / 有人说"时间能够平息"—

Time never did assuage — / 时间从不曾平息—

An actual suffering strengthens / 真正的痛苦不断增强

As Sinews do, with age — / 像精力追随年纪—

Time is a Test of Trouble — / 时间，考验烦恼—

But not a Remedy — / 却不是疗治的药品

If such it prove, it prove too / 如果证明能治，也就证明

There was no Malady — / 世上，本来无病—

爱尔兰诗人坎贝尔（Thomas Campbell，1777—1844）在《生命之河》（The River of Life，笔者译）中表达了人在不同年龄亦对时间有不同的感受：

The more we live, more brief appear / 人生越长时间疾

Our life's succeeding stages: / 生命经历不同期

A day to childhood seems a year, / 童年一天如一年

And years like passing ages. / 几年好像过几纪

The gladsome current of our youth, / 年轻永远是快乐

Ere passion yet disorders, / 热情冲动不信邪

Steals lingering like a river smooth, / 如同顺流偷蜿蜒

Along its grassy borders. / 沿着郁葱堤岸边

But as the care-worn cheeks grow wan, / 时光磨砺慢上脸

And sorrow's shafts fly thicker, / 哀伤堆积渐压心

Ye starts, that measure life to man, / 尽管人初可评估

Why seem your courses quicker? / 为何行程仍飞速

When joys have lost bloom and breath / 欢笑失颜已衰败

And life itself is vapid, / 生活无聊归寡淡

Why, as we reach the Falls of Death, / 为啥死神欲降临

Feel we its tide more rapid? / 如同潮汐更凶烈

It may be strange — yet who would change / 或许余生多诡变

Time's course to slower speeding, / 时程加速在放慢

When one by one our friends have gone / 身边好友逐个走

And left our bosoms bleeding? / 留下悲痛永绵延

Heaven gives our years of fading strength / 上天赋人生命力

Indemnifying fleetness; / 疾消应当予补继

And those of youth a seeming length, / 身心努力葆青春

Proportion'd to their sweetness. / 均衡生活亦甜蜜

木心年轻时留下的作品不多，很多在动乱中被毁。下面这首诗非常有哲理，是早慧的木心对时间的思考：

时间是铅笔，

在我心版上写许多字。

时间是橡皮，

把字揩去了。

那拿铅笔又拿橡皮的手，

是谁的手？

谁的手。

如果我们把诗中的游戏看成数学，那么下面木心的这首诗着实体现了在抽象空间里数学实在是恰如其分的好玩：

天空有一堆
无人游戏的玩具。
于是只好
自己游戏着
在游戏着，
在被游戏着。

《叶绿素》是木心的另一诗作，描述的是时间更替中，生命所流传并保存的东西，它们恰如数学中的不变量。

诗 人
小 传

木心，中国当代作家、画家，在中国台湾和纽约华人圈中，他被视为深解中国传统文化的精英和传奇人物。出版多部著作。1927 年生于浙江桐乡乌镇东栅。本名孙璞，字仰中，号牧心，笔名木心。毕业于上海美术专科学校。1982 年定居纽约。2006 年回故乡乌镇，在那里他度过了人生最后的时刻，享年 84 岁。

树叶到了秋天

知道敌不遇寒冷风雪

便将绿素还给树身

飘然坠地，这些储存的绿素

是叶子的精魂

明年要用的绿的血液

类似地，在不同的时代，人们对时间的相对性也有不同的感受。木心在《从前慢》中写道：

记得早先少年时

大家诚诚恳恳

说一句是一句

清早上火车站

长街黑暗无行人

卖豆浆的小店冒着热气

从前的日色变得慢

车，马，邮件都慢

一生只够爱一个人

从前的锁也好看

钥匙精美有样子

你锁了，人家就懂了

在时间的交点，空间会有什么作为？

你从远方来，我到远方去
遥远的路程经过这里
天空一无所有
为何给我安慰

这是才华横溢却过早凋零的诗人海子（原名查海生，1964—1989）《黑夜的献词》里的节选，空灵而又深刻，两人自不同地方相遇于此，一无所有，却心系远方，给人的时空感十分博大。

时空因为生命而存在，生命要用时空来度量。英国诗人布莱克（William Blake, 1757—1827）的一首诗《苍蝇》（The Fly，梁宗岱译）对生命有自己的看法：

Little Fly, / 小苍蝇，
Thy summer's play / 你夏天的游戏
My thoughtless hand / 给我的手
Has brushed away. / 无心地抹去。

Am not I / 我岂不像你
A fly like thee? / 是一只苍蝇？
Or art not thou / 你岂不像我
A man like me? / 是一个人？

For I dance / 因为我跳舞，

And drink, and sing, / 又饮又唱，

Till some blind hand / 直到一只盲手

Shall brush my wing. / 抹掉我的翅膀。

If thought is life / 如果思想是生命

And strength and breath, / 呼吸和力量，

And the want / 思想的缺乏

Of thought is death; / 便等于死亡；

Then am I / 那么我就是

A happy fly, / 一只快活的苍蝇，

If I live, / 无论是死，

Or if I die. / 无论是生。

  这首诗用一种上帝的眼光平等地看待每一种生物，无论大小，无论生死，令人动容。同时，这首诗也强调了生命之力量在于思想。从数学的角度上讲，布莱克诠释了生与死的两种状态之间的转换类似于数学中被称为转换函数的上帝之手。我们再来欣赏布莱克的另一首诗《老虎》（The Tyger，郭沫若译）：

Tyger, tyger, burning bright / 老虎！老虎！黑夜的森林中

In the forests of the night, / 燃烧着的煌煌的火光，

What immortal hand or eye / 是怎样的神手或天眼

Could frame thy fearful symmetry? / 造出了你这样的威武堂堂？

In what distant deeps or skies / 你炯炯的两眼中的火

Burnt the fire of thine eyes? / 燃烧在多远的天空或深渊？

On what wings dare he aspire? / 他乘着怎样的翅膀搏击？

What the hand dare seize the fire? / 用怎样的手夺来火焰？

And what shoulder and what art / 又是怎样的臂力，怎样的技巧，

Could twist the sinews of thy heart? / 把你的心脏的筋肉捏成？

And, when thy heart began to beat, / 当你的心脏开始搏动时，

What dread hand and what dread feet? / 使用怎样猛的手腕和脚胫？

What the hammer? what the chain? / 是怎样的槌？怎样的链子？

In what furnace was thy brain? / 在怎样的熔炉中炼成你的脑筋？

What the anvil? what dread grasp / 是怎样的铁砧？

Dare its deadly terrors clasp? / 怎样的铁臂？

When the stars threw down their spears, / 群星投下了他们的投枪，

And watered heaven with their tears, / 用他们的眼泪润湿了穹苍，

Did He smile His work to see? / 他是否微笑着欣赏他的作品？

Did He who made the lamb make thee? / 他创造了你，也创造了羔羊？

Tyger, tyger, burning bright / 老虎！老虎！黑夜的森林中

In the forests of the night, / 燃烧着的煌煌的火光，

What immortal hand or eye / 是怎样的神手或天眼

Dare frame thy fearful symmetry? / 造出了你这样的威武堂堂？

诗人小传

威廉·布莱克，英国浪漫主义诗人、版画家，一个远离尘俗的天才，英国文学艺术史上最伟大的艺术家之一。主要诗作有诗集《纯真之歌》、《经验之歌》等，画作有《古代的日子》等。他的作品玄妙深沉，充满神奇色彩。他出生于普通小商人家，未受过正规教育。一生坎坷贫困，与妻子相依为命，用绘画和雕版的微薄劳酬过着简单的创作生活。他的超前、神秘和深刻在生前没有受到社会热捧，直到他70岁去世前，还在用最后的先令买来炭笔为但丁的《神曲》画插画。他身后诗人叶芝等人重编了他的诗集，才让世人感到他的伟大。后来他的神启式的伟大画作也逐渐发光，这样作为诗人与画家的两栖艺术家布莱克才确立了其在艺术界的崇高地位。

老虎在这首诗里显然是有象征的，学界对此有不同的解读。我的理解是老虎指大自然的规律。那个关键词"symmetry"，原意为对称，郭沫若将其译成了"威武堂堂"。这个译法虽然保持了原诗中那种对老虎的敬畏，却丢失了原意中的寓理。对称是个数学名词，表示世间物体对应、相关的本性。所以，我认为这首诗体现的是对强大而美丽的大自然规律的一种敬畏。从诗中反反复复的追问中，我们可以感受到一种类似屈原的"天问"。回想布莱克所处的工业革命的时代，一系列技术革命引发了手工劳动向动力机器生产重大的转变，科学的强劲发展势不可挡，布莱克的感慨就可以理解了。这种规律控领的思想一直在他那个时代占统治地位，以至于后来爱因斯坦都不相信上帝会扔骰子。 通过布莱克的诗我们可以感受他那神启般意味深长的寓言。

极限微积分

极限是近代数学的重要概念，是微积分的灵魂，也是对无穷大无穷小等概念的数学描述。中国古代哲学家庄子早在公元前几百年于《天下》中就提出了极限思想：

> 一尺之棰，
> 日取其半，
> 万世不竭。

中国古代数学家刘徽（约225年—约295年）在《九章算术》里计算圆面积时也用到了极限思想：

割之弥细，所失弥小。
割之又割，以至于不可割，
则与圆周合体，而无所失矣。

中国战国时期的《周易·系辞》中对积少成多达到极限是这样叙述的：

善不积不足以成名，恶不积不足以灭身。
小人以小善为无益而弗为也，以小恶为无伤而弗去也，
故恶积而不可掩，罪大而不可解。

在诗歌里也多有对极限的描述，我们先欣赏一组泰戈尔《飞鸟集》（郑振铎译）中关于极限的短诗，泰戈尔将时空、无限、终止、永恒、刹那这些数学概念在哲学的层次上优美地演绎着：

第59首

Never be afraid of the moments — / 决不要害怕刹那 ——
thus sings the voice of the everlasting. / 永恒之声这样唱着。

第111首

That which ends in exhaustion is death, / 终止于衰竭是"死亡",

but the perfect ending is in the endless. / 但"圆满"却终止于无穷。

第139首

Time is the wealth of change, / 时间是变化的财富。

but the clock in its parody makes / 时钟模仿它,

it mere change and no wealth. / 却只有变化而无财富。

第204首

The song feels the infinite in the air, / 歌声在天空中感到无限,

the picture in the earth, / 图画在地上感到无限,

the poem in the air and the earth; / 诗呢,无论在空中,在地上都是如此。

For its words have meaning that walks / 因为诗的词句含有能走动

and music that soars. / 的意义与能飞翔的音乐。

布莱克也用精练隽永的诗句诠释了无限和刹那、个体和宇寰的哲理。下面这首诗是其长诗《天真的预言》(Auguries of Innocence, 宗白华译) 的开篇作品。对于这首诗,几乎每个学英语的学子读到它都"跃跃欲译",之后也就出现了多个译本。今天如果用数学的眼光看,我们会发现布莱克将数学中无穷大和无穷小的概念用如此美妙的意境诗化了。在布莱克的年代,工业革

命已经深刻地影响了社会，虽说牛顿和莱布尼兹已经发明了微积分，但无穷大和无穷小还在学者们的论文里唇枪舌剑。我相信布莱克并没有读过这些论文，尽管当时的思潮会影响到他。然而他具有超人的直觉和极强的感悟，他用自己的方式阐述了这些玄妙的概念。

To see a world in a grain of sand，／一沙一世界，
And a heaven in a wild flower，／一花一天堂。
Hold infinity in the palm of your hand，／无限掌中置，
And eternity in an hour.／刹那成永恒。

因对大自然的赞美而引发的无限感慨在中国古诗中也随处可见：

无边落木萧萧下，不尽长江滚滚来。

孤帆远影碧空尽，唯见长江天际流。

这两联分别来自"诗圣"杜甫的七律《登高》和"诗仙"李白的七绝《黄鹤楼送孟浩然之广陵》，有异曲同工之妙。杜甫的诗句描述了大自然中时间更替转换，景象连续不断的情景，对应数学中的无界的连续函数。李白的诗在这个时空连续函数上加了一个动点孤帆，这个动点沿着长江慢慢地在碧空中趋向于无穷。

而歌德的《漫游者夜歌》（Wanderes Nachtlied，佚名英译，佚名中译）从高空到自我，描述了一种空旷的接近极限的状态：

Über allen Gipfeln / Over all the hilltops / 群峰

Ist Ruh, /is calm / 一片静寂

In allen Wipfeln / In all the treetops / 树梢

Spürest du / you feel hardly a breath of air. / 微风敛迹。

Kaum einen Hauch; / The little birds fall / 林中

Die Vögelein schweigen im Walde. / silent in the woods / 百鸟缄默，

Warte nur, balde / Just wait… soon / 稍待

Ruhest du auch. / you'll also be at rest. / 你也安歇。

如果说歌德通过时间的趋零来表现空间的无穷，那么惠特曼在《草叶集》（笔者译）里的诗句则是通过空间的一点来体现时间的无穷：

The clock indicates the moment / 时钟标识着瞬刻
— but what does eternity indicate? / —但什么能表示永恒？

极限在数学中是优化的强有力工具，古代人们就已经知道，在周长一定的情况下，所有封闭曲线中圆所围成的面积最大。古罗马诗人维吉尔（Virgil，公元前 70—前 19）的诗中记载黛朵（Dido）的神话传说，而这个传说也是古代中有关著名的等周长

问题的例子［原文希腊语未找到，英国诗人德莱顿（Dryden）英译，笔者中译］：

At last they landed, where from far / 最后他们登陆在那视线所
your eyes   达的极致
May view the turrets of new Carthage / 可见新迦太基的塔楼的升
rise;   起；
There bought a space of ground, / 在那里他们买下了自己的
which Byrsa call'd,   空间，
From the bull's hide they first inclos'd, / 是他们用牛皮圈起来的最
and wall'd.   上算的土地。

　　黛朵，提尔（Tyre）国王的女儿，在其兄弟杀死自己的丈夫后，离家逃走来到非洲大陆，在那里她可以购买她能用牛皮圈起来的所有的土地。于是她将牛皮切成了细条，然后再连起来，但她亟待解决的数学问题是，牛皮条是有限长的，圈成什么形状，才能使圈成的土地面积最大？答案就是圆。当然，如果把海岸线算作一边，那么答案就是半圆。这在数学中可以通过极限证明。

推理未求真

　　悖论是逻辑学和数学中的矛盾命题，即逻辑上隐含两个互相矛盾但表面上又能自圆其说的结论的命题或理论体系。它们常常

让人陷入各种怪圈，其中最负盛名的悖论应属"说谎者悖论"。它源自公元前 6 世纪哲学家埃庇米尼得斯（Epimenides）的一句话："所有克利特人都说谎。"因为埃庇米尼得斯是克利特人，假设他说的话为真话，则与他的断言"所有克利特人都说谎"相悖。假设他说的话为假话，那么"所有克利特人都说谎"就是一个谎言，这样一来他说的话就应该是真话，又与他的断言产生矛盾。

而在数学研究中，悖论是指既有数学规范中发生的无法解决的认识矛盾，这种矛盾可以在新的数学规范中得到解决，从而促进数学的发展。比如，在研究"无穷"时，数学家们就常常推出一些合乎逻辑的但又是荒谬的悖论。1874 年，德国数学家康托尔（Georg Ferdinand Ludwig Philipp Cantor，1845—1918）提出"无穷集合"概念，后又成功证明一条直线上的点能够和一个平面或一个空间中的点一一对应，他的集合论给无穷建立起了抽象的形式符号系统和确定的运算，从根本上改造了当时的数学结构，给数学的发展带来一场全新革命，同时也给逻辑学和哲学带来深远影响。然而就在集合论成为整个现代数学的逻辑基础不久后，英国哲学家伯特兰·罗素（Bertrand Russell，1872—1970）提出集合论是自相矛盾的，并不存在什么绝对的严密性。这就是史上有名的"罗素悖论"。简单通俗地说，它属于"理发师悖论"——"只给本村那些不给自己刮脸的人刮脸的理发师应不应该给自己刮脸"这一问题。罗素悖论在当时引起了数学界的极大震动，从而引发第三次数学危机。

数学家们努力着，梦想有一天可以解决这一问题，但这个梦想率先被奥地利裔美国数学家、逻辑学家哥德尔（Kurt Gödel，1906—1978）打破，他指出：没有一个公理系统可以导出所有的真实命题，除非这个系统是不一致的，即存在着相互矛盾的悖论！所以要摆脱"悖论怪圈"，所有的努力都是徒劳的。时至今日，第三次数学危机还不能说完全解除，数学基础与数理逻辑的许多课题仍未得到根本上的解决。但人们正向其目标逐渐接近，可以预判的是，这一过程中还会产生很多新的重要成果。

回到诗歌，我国古代诗人苏轼的著名绝句《题西林壁》中就有逻辑推理的悖论：

> 横看成岭侧成峰，远近高低各不同。
> 不识庐山真面目，只缘身在此山中。

如果庐山是个系统，那么庐山系统不可能自我完善，要认识庐山，必须到比庐山更高的系统上！

诗人小传 | 苏轼，字子瞻，又字和仲，号东坡居士，世称苏东坡、苏仙。汉族，北宋眉州眉山人，祖籍河北栾城，北宋著名文学家、书法家、画家。苏轼是宋代文学最高成就的代表，在诗、词、散文、书、画等方面取得了非常高的成就。

松下问童子，

言师采药去。

只在此山中，

云深不知处。

这是著名"推敲诗人"贾岛（779—843）的《寻隐者不遇》。这首诗所表达的意境和数学中证明存在性的想法是相通的。在数学中，我们寻求解，但很多情况下却寻而不得，于是我们退而求其次，证明解的存在性。这样的工作也非常有意义。例如，人们建立了一个数学模型，通过证明解的存在性来说明至少这个模型有意义。如果解存在，人们再想更多的办法，如通过逼近、近似等方法求解；如果解不存在，则建模无意义，也就无须再浪费时间，可直接放弃寻求解的企图。

The trumpet of a prophecy! O Wind, / 吹响预言！西风啊，

If Winter comes, can Spring be far behind? / 冬天来了，紧跟的春天

会远吗？

这是著名英国诗人雪莱（Percy Bysshe Shelley，1792—1822 ）的《西风颂》（Ode to the West Wind，王佐良译）中的最后两句。诗句通过季节变更的规律强调坚持的意义，曾鼓舞无数仁人志士为了理想不惜前赴后继，坚定斗争。哪怕是在最黑暗的时刻、最艰难的困境，心中的信念依旧闪亮，坚信冬天过后是春天。

泰戈尔《飞鸟集》（郑振铎译）中有许多关于思辨、真理、求实和探索的诗，深刻而又富有灼见：

第68首

Wrong cannot afford defeat / 错误经不起失败，

but Right can. / 但是真理却不怕失败。

第130首

If you shut your door to all errors / 如果你把所有的错误都关在门外时，

truth will be shut out. / 真理也要被关在门外面了。

第140首

Truth in her dress finds facts too tight. / 真理穿了衣裳，觉得事实太拘束。

In fiction she moves with ease. / 在想象中，她转动得很舒畅。

第176首

The water in a vessel is sparkling; / 杯中的水是光辉的，

the water in the sea is dark. / 海中的水却是黑色的。

The small truth has words that are clear; / 小理可以用文字来说清楚，

the great truth has great silence. / 大理却只有沉默。

第254首

The real with its meaning read wrong / "真实"的含义被误解，

and emphasis misplaced / 轻重被倒置，

is the unreal. / 那就成了"不真实"。

第258首

The false can never / 虚伪永远不能

grow into truth by growing in power. / 凭借它生长在权力中而变成真实。

第271首

I came to your shore as a stranger, / 大地呀，我到你岸上时是一个

陌生人，

I lived in your house as a guest, / 住在你屋内时是一个宾客，

I leave your door as a friend, my earth. / 离开你的门时是一个朋友。

狄金森也曾写过多首推理诗，下面我们来欣赏几首。

《果真会有个"黎明"》(Will There Really Be a "Morning", 江枫译)

Will there really be a "Morning"? / 果真会有个"黎明"?

Is there such a thing as "Day"? / 是否有"天亮"这种东西?

Could I see it from the mountains / 我能否越过山头看见

If I were as tall as they? / 如果我高与山齐?

Has it feet like Water lilies? / 是否像睡莲有须根？

Has it feathers like a Bird? / 是否像小鸟有羽毛？

Is it brought from famous countries / 是否来自著名的国家

Of which I have never heard? / ——为我从不知晓？

Oh some Scholar! Oh some Sailor! / 哦，学者！哦，水手！

Oh some Wise Men from the skies! / 哦，天上的哪位圣人！

Please to tell a little Pilgrim / 请告诉这小小的漂泊者

Where the place called "Morning" lies! / 那地方何在，它叫"黎明"？

《我未见过荒原》（I Never Saw a Moor，江枫译）

I never saw a Moor — / 我未见过荒原 —

I never saw the Sea — / 我未见过大海 —

Yet know I how the Heather looks / 却知道石楠的形态

And what a Billow be. / 知道波浪的模样。

I never spoke with God, / 我从未和上帝交谈

Nor visited in Heaven — / 从未访问过天堂 —

Yet certain am I of the spot / 却知道天堂的位置

As if the Checks were given — / 仿佛有图在手上 —

《预感》（Presentiment，任义群译）

Presentiment — is that long Shadow — / 预感—是草坪上—长曳

on the Lawn — 　　　　　　　　　的阴影—

Indicative that Suns go down — / 暗示着夕阳西沉—

The Notice to the startled Grass / 启示惊慌的青草
That Darkness — is about to pass — / 黑暗—行将笼罩—

美国诗人朗费罗的诗作《箭和歌》(The Arrow and the Song, 杨霖译) 用诗化的语言描述了逻辑推理中的某种因果关系：

I shot an arrow into the air, / 我射一箭直上高空，
It fell to earth I knew not where; / 待它落下，不见影踪；
For so swiftly it flew the sight, / 因它飞驰得如此疾迅，
Could not follow it in its flight. / 我的眼力无法追寻。

I breathed a song into the air, / 我歌一曲响遏行云，
It fell to earth I knew not where; / 待它飘下，无处觅寻；
For who has the sight so keen and strong, / 谁的眼力那么强，
That can follow the flight of a song. / 能追随歌声飞扬？

Long,long afterwards in an oak, / 好久，好久后，我见一株橡树，
I found the arrow still unbroke; / 树上嵌着箭，完好如故；
And the song, from beginning to end, / 那首歌，从头至尾，我也发现
I found again in the heart of a friend. / 在一位友人深深的心田。

下面两句诗分别选自当代诗人顾城的两首小诗《小巷》和《一代人》，前一首诗生动地通过拿着钥匙在两边有着厚厚高墙里寻找钥匙孔的状态，逼真地描述了科学探索的情景，在求证推理的过程中，钥匙是找到答案的关键，然而手持钥匙也不一定容易得到想要的结果。后一首诗表达了探索光明并不先拥有光明的道理，探索的起点很可能就是黑暗。

小巷，又弯又长，我用一把钥匙，敲着厚厚的墙。

黑夜给了我黑色的眼睛，我去用它寻找光明。

英国现代诗人桑德堡（Carl Sandburg，1878—1967）的《窗口》（Window，笔者译），通过现代交通工具火车窗外的景象，生动地描述了对一个未知而在探索中的事物，只能获得零碎而快速闪过的信息的情形。

Night from a railroad car window / 火车窗外的黑夜，
It a great, dark, soft thing / 巨大黑暗又柔软，
Broken across with slashes of light / 不断被闪亮抽断。

英国诗人爱默生（Ralph Waldo Emerson，1803—1882）的《辩白》（The Apology，杨霖译，节选）从一个不同寻常的角度将收获描绘得别有一番风味，说明收获不仅有实质性的也有精神性的：

There was never mystery, / 凡是神秘的事情

But 'tis is figured in the flowers, / 都由鲜花勾画形象

Was never secret history, / 凡是隐秘的事迹

But birds tell it in the bowers. / 都由鸟儿在林荫歌唱

One harvest from thy field / 你田里第一次收获

Homeward brought the oxen strong; / 由健壮的牛载回家去

A second crop thine acres yield, / 你地里长的第二批庄稼

Which I gather in a song. / 我把它谱成歌曲。

中国古代的推理诗也不少：

月移西楼更鼓罢，渔夫收网转回家。

雨过天晴不需伞，铁匠熄炉正喝茶。

樵夫担柴早下山，飞蝶团团绕灯花。

院中秋千已停歇，油郎改行谋生涯。

老父失礼碰尊驾，乞望大人饶恕他。

    这是宋朝才女朱淑真的杰作，而这也是数学中逻辑否定的绝佳事例。传说有一天，朱淑真的父亲骑驴进城，毛驴被市井喧闹惊吓，狂奔起来，竟然把州官撞倒在地。州官大怒，命衙役将毛驴充公，并抓朱父进衙打板子。朱淑真听说此事后，急奔官府为

父求情。州官早闻朱淑真是文思敏捷、才华出众的女中豪杰，于是便刁难一下朱淑真，要她当堂以"夜"为题作诗一首，诗中需接连表达出八个"不打"之意，但字面中不能出现"打"字。朱淑真闻题后稍加思索，当堂吟诵了上面这首诗。该诗前八句中依次隐含着"不打更"、"不打鱼"、"不打伞"、"不打铁"、"不打柴"、"不打茧"、"不打秋千"、"不打油"八个"不打"。州官听罢此诗，不禁拍案叫绝，连呼"奇才"，立即命衙役放了朱淑真的父亲，并归还了毛驴。

> 若言琴上有琴声，放在匣中和不鸣？
> 若言声在指头上，何不于君指上听？

宋代大才子苏轼写过许多脍炙人口又流传千古的诗歌，而上面这首"科学性"极强的诗歌，表现出诗人强大的思辨性。诗歌中所描写的对象是"琴声"，但在诗人那个时代人们还不知道声音从何而来，苏轼认真思考、提出质疑，至少逻辑推断声音不是单纯地从琴或者手指头中来。现今我们知道，琴声是因手指拨动琴弦，琴弦振动而产生声波。

近代著名学者王国维（1877—1927）在《人间词话》用三句古诗词描述古今之成大事业、大学问者所必经过的三种境界：

第一境界：昨夜西风凋碧树，独上高楼，望尽天涯路。

——宋 晏殊《蝶恋花》

第二境界：衣带渐宽终不悔，为伊消得人憔悴。

——宋 柳永《凤栖梧》

第三境界：众里寻他千百度，蓦然回首，那人却在灯火阑珊处。

——宋 辛弃疾《青玉案·元夕》

猜谜

●

1. 清算（打大学数学名词二）

2. 拒绝圆滑

　（打一大学数学名词，卷帘格）

3. 众议（打一大学数学名词）

4. 跟着 AI 走（打一大学数学名词）

1. 级数，极限

2. 圆周函数

3. 群论

4. 曲面积分

第六章

诗坛亮剑数学家

人们对数学家的印象往往停留在超凡脱俗、智力过人、痴迷于符号与公式等方面，殊不知古今中外他们中的很多人文学功底了得，不仅爱好阅读，更擅于"舞文弄墨"。

莪默·伽亚谟（Omar Khayyám，1048—1131）是中世纪著名的数学家，他完成了阿拉伯数学家最值得称道的工作——用圆锥曲线解三次方程，同时他又是具有世界性声誉的诗人，他最为知名的诗集当属《鲁拜集》（*The Rubáiyát*）。1859 年，英国学者兼诗人爱德华·菲茨杰拉德（Edward FitzGerald，1809—1883）把这本诗集引进到英语世界，整理发表《莪默·伽亚谟之鲁拜集》（*Rubáiyát of Omar Khayyám*，共101首，404行），为保持原诗的韵律形式，他的翻译属于意译，成为英国文学的经典。《鲁拜集》有上千个译本，仅菲茨杰拉德就有好几个版本，在中国有近20多种译本，郭沫若、胡适、闻一多、徐志摩、朱湘等名家都翻译过《鲁拜集》。在近代许多世界知名大学把它列为世界上必读50种书籍中的信仰类之首。下面这首诗歌是《鲁拜集》的第一首（菲茨杰拉德英译，郭沫若中译），苍茫浑厚，就像中世纪黑暗里的一烛亮光，也恰如莪默·伽亚谟对数学的贡献。

数学家小传

莪默·伽亚谟，波斯数学家、诗人、哲学家和天文学家。生于霍拉桑名城内沙布尔。幼年求学于学者莫瓦法克阿訇。成年后以其知识和才华，进入塞尔柱帝国马利克沙赫苏丹的宫廷，担任太医和天文方面的职务。

伽亚谟1070年写下影响深远的《代数问题的论证》，书中阐释了代数的原理，令波斯数学远传欧洲。而他在数学上最大的成就是用圆锥曲线解三次方程，这是中世纪阿拉伯数学家最值得称道的工作。在几何学领域，伽亚谟也有两项贡献，其一是在比和比例问题上提出新的见解，其二便是对平行公理的批判性论述和论证。

Wake! For the sun, who scattered into flight / 醒呀！太阳驱散了群星，

The stars before him from the Field of Night, / 暗夜从空中逃遁，

Drives Night along with them from Heav'n, and strikes / 灿烂的金箭，

The Sultan's Turret with a Shaft of Light. / 射中了苏丹的高瓴。

我不懂波斯语，无缘读原诗，但我更喜欢菲茨杰拉德下面这个英译版，并试译：

Awake! for Morning in the Bowl of Night / 醒来！藏在黑暗苍穹里的黎明

Has flung the Stone that puts the Stars to Flight Kai / 投石驱散星火

And Lo！the Hunter of the East has caught / 噢，东方的猎手抓住了

The Sultan's Turret in a Noose of Light / 苏丹的塔楼落入了光的诱惑

再来欣赏《鲁拜集》中的几首诗歌：

第15首（郭沫若译）

And those who husbanded the Golden grain, / 有的节谷如金，

And those who flung it to the winds like Rain, / 有的挥金如雨，

Alike to no such aureate Earth are turn'd / 玉女金童身归大梦，

As, buried once, Men want dug up again. / 墓又为人掘启。

第28首（郭沫若译）

With them the seed of Wisdom did I sow, / 我也学播了智慧之种，

And with mine own hand wrought to make it grow; / 亲手培植它渐渐葱茏；

And this was all the Harvest that I reap'd— / 而今我所获得的收成——

"I came like Water, and like Wind I go." / 只是"来如流水，逝如风"。

第26首（黄克孙译）

Why, all the Saints and Sages who discuss'd / 地狱天堂说为真

Of the Two Worlds so wisely — they are thrust / 恒恒先哲几多人

Like foolish Prophets forth; their words to scorn / 玲珑妙口今何在

Are scatter'd, and their Mouths are stopt with Dust. / 三尺泥中不复闻

第29首（黄克孙译）

Into this Universe, and Why not knowing, / 浑噩生来非自宰，

Nor Whence, like Water willy-nilly flowing: / 生来天地又何之。

And out of it, as Wind along the Waste, / 苍茫野水流无意，

I know not Whiter willy-nilly blowing. 流到何方水不知。

第56首（笔者译）

For "Is" and "Is-not" though with Rule and Line / 是与非虽由规则可定，

And "UP-AND-DOWN" by Logic I define, / 上与下也由逻辑可寻，

Of all that one should care to fathom, I / 所有这些人所欲之深渊呀，

was never deep in anything but—Wine. / 除酒而外，我的奢望已禁。

第57首（郭沫若译）

Ah, by my Computations, People say, / 啊，人们说我的推算高明，

Reduce the Year to better reckoning? / 我曾经把旧历的岁时改
—Nay,　　　　　　　　　　　　　正——

'Twas only striking from the Calendar / 谁知道那只是从历书之中

Unborn To-morrow and dead / 消去未生的明日和已死的
Yesterday.　　　　　　　　　　昨晨。

第63首（郭沫若译）

Of threats of Hell and Hopes of / 啊，地狱之威胁，天堂之
Paradise!　　　　　　　　　　希望！

One thing at least is certain—This Life / 只有一事是真——便是生
flies;　　　　　　　　　　　　之飞丧；

One thing is certain and the rest is Lies; / 只有此事是真，余皆是伪；

The Flower that once has blown for / 花开一次之后永远凋亡。
ever dies.

第67首（黄杲炘译）

Heav'n but the Vision of fulfill'd Desire, / 天堂只是满足了的欲望幻境，

And Hell the Shadow from a Soul on fire, / 地狱只是受火刑的灵魂之影

Cast on the Darkness into which Ourselves, / 投射于一片黑暗中：我们刚从

So late emerged from, shall so soon / 那儿现身，将很快在那儿
expire.　　　　　　　　　　　忘形。

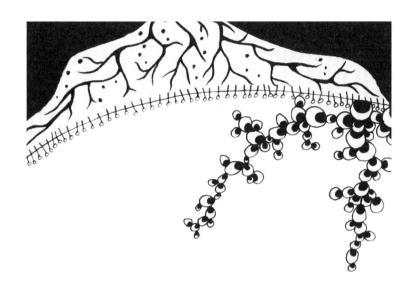

第71首（黄克孙译）

The Moving Finger writes; and, having writ, / 冥冥有手写天书，

Moves on: nor all your Piety nor Wit / 彩笔无情挥不已

Shall lure it back to cancel half a Line, / 流尽人间泪几千

Nor all your Tears wash out a Word of it. / 不能洗去半行字。

　　莪默·伽亚谟是历史上少有的同时具备诗人和数学家两项桂冠的杰出人物。而有些数学家是跨越数学与哲学两大领域的天才人物，如毕达哥拉斯、笛卡儿（René Descartes，1596—1650）、罗素等人。他们的思想对西方文明产生了深远的影响。

下面这两首短诗（笔者译）是毕达哥拉斯对数学研究看法的体现，实乃一针见血：

Among the natural enemy of mathematics, / 在数学的天敌中
the most important thing / 最重要的
is that how to do we know something, / 不是我们知道什么
Rather than to know something / 而是我们如何知道这些

Choose always the way / 选择看来
that seems the best / 总是最好的
however it may be; / 尽管也许会这样
custom will soon render it easy and agreeable. / 习惯来随意决定

就此，著名数学家、集合论的创始人康托尔也有类似见解（笔者译）：

In the field of mathematics, / 在数学天地里
the art to ask question / 提出问题的艺术
is more important / 比解答问题
than to answer questions. / 更为重要。

数学家
小传 ▌毕达哥拉斯，古希腊数学家、哲学家。提出"万物皆数"，发现并证明了毕达哥拉斯定理，即勾股定理。

著名哲学家、数学家笛卡儿写的小诗（笔者译）哲意十分浓郁：

And so something that I thought / 我想到的事

I was seeing with my eyes / 是用我的眼

is in fact grasped solely / 通过事实所证

by the faculty of judgment / 且由能力判别

数学家小传

勒内·笛卡儿，出生于法国安德尔－卢瓦尔省的图赖讷拉海，逝世于瑞典斯德哥尔摩，法国著名哲学家、物理学家、数学家、神学家。笛卡儿对现代数学的发展作出了重要的贡献，因将几何坐标体系公式化而被认为是解析几何之父。他与英国哲学家弗兰西斯·培根一同开启了近代西方哲学的"认识论"转向。他是二元论的代表，留下名言"我思故我在"，提出了"普遍怀疑"的主张，是欧洲近代哲学的奠基人之一，黑格尔称他为"近代哲学之父"。笛卡儿堪称17世纪的欧洲哲学界和科学界最有影响的巨匠之一，被誉为"近代科学的始祖"。他还创立了著名的平面直角坐标系。

法国著名数学家、科学哲学家庞加莱（Jules Henri Poincaré, 1854—1912）对数学家和诗人的特点有独到的见解（笔者译）：

Mathematician use the same name / 数学家用同一个名字

Means different things / 意味不同事

And poet use a different name / 而诗人用不同的名字

Means the same thing. / 意味同件事

著名哲学家、数学家和逻辑学家罗素的小诗（笔者译）说明一个真相的真相：

Even though the truth is not a happy time, / 即便真相并不令人愉悦

we have to be honest, / 我们也必须诚实

because more effort needed / 因为真相的掩盖

to cover the truth. / 往往更加吃力。

数学家小传

庞加莱，法国最伟大的数学家之一，理论科学家和科学哲学家。庞加莱被公认是 19 世纪后和 20 世纪初的领袖数学家，是继高斯之后对于数学及其应用具有全面知识的最后一个人。他对数学、物理和天体力学作出了很多创造性的基础性的贡献。庞加莱猜想是数学中最著名的问题之一。通过对三体问题的研究，庞加莱成了第一个发现混沌确定系统的人并为现代的混沌理论打下了基础。以他名字命名的还有庞加莱群。

明代数学家王文素（1465—1487）"留心学算，手不释卷，三十余年"，1524 年完成了近 50 万字的巨著《算学宝鉴》。在自序后，有"算集诗"八首，其中一首为：

六艺[1]科中算数尊，三才万物总经纶。

乘除升降千般用，度量权衡五品分。

天下钱粮凭是掌，世间交易赖斯均。

若无先圣传流此，自古模糊直到今。

华罗庚（1910—1985）是我国著名的数学家，他的语文功底十分了得：

三强：赵、魏、韩；

九章：勾、股、弦。

这副妙联正是华罗庚先生的杰作。全联对仗工整，采用一语双关的修辞手法，既有深意又十分风趣。上联中的"三强"，既指钱三强的名字，又延伸出春秋战国时七雄五霸中的赵、魏、韩三个强国。下联中的"九章"，既指赵九章的名字，又指中国数

---

[1] 六艺：礼、乐、射、御、书、数。

学古书算经十书中最重要的一种——《九章算术》。这副妙联源自中华人民共和国成立初期，由我国著名科学家钱三强、赵九章任团长的中国科学家代表团出国访问的途中。在飞机上，华罗庚以钱三强的名字为题，给大家出了上联，索对下联。上联出得巧妙风趣，寓意自然贴切。其中的双关还真是难倒了大家，一时间谁也没有对出下联。这时，华罗庚笑着看了赵九章一眼，吟出了下联。此联一出，立刻博得了一片喝彩声。为此，在场的一位科学家幽默地说："真是三句话离不开本行，数学家作对联也离不开数学。"

华罗庚作诗顺手皆成，下面两首《寄青年》和《从孙子的"神奇妙算"谈起》就是例子：

数学家小传

华罗庚出生于江苏金坛，祖籍江苏丹阳，数学家，中国科学院院士，美国国家科学院外籍院士，第三世界科学院院士，联邦德国巴伐利亚科学院院士。中国第一至第六届全国人大常委会委员。

华罗庚是中国数学的泰斗，是中国解析数论、矩阵几何学、典型群、自守函数论与多元复变函数论等多方面研究的创始人和开拓者，并被列为芝加哥科学技术博物馆中当今世界88位数学伟人之一。国际上以华氏命名的数学科研成果有"华氏定理"、"华氏不等式"、"华—王方法"等。

发奋早为好，苟晚休嫌迟。

最忌不努力，一生都无知。

神奇妙算古名词，师承前人沿用之。

神奇化易是坦道，易化神奇不足提。

妙算还从拙中来，愚公智叟两分开。

积久方显愚公智，发白才知智叟呆。

埋头苦干是第一，熟练生出百巧来。

勤能补拙是良训，一分辛劳一分才。

几何研究形，代数研究数，乍一看它们貌似并不相关，但华
罗庚洞察入微：

数形本是相倚依，焉能分作两边飞。

数缺形时少直觉，形少数时难入微。

数形结合百般好，隔离分家万事非。

几何代数统一体，永远联系莫分离。

在这首诗中，他将几何与代数的关系阐述得丝丝入扣、深邃通达：二者相依相存，各行其能，互不可缺，共同构建了数学的基础。

著名数学家陈省身（1911—2004）也是一位诗歌好手，他较好地阐述了物理与几何的关系：

物理几何是一家，一同携手到天涯，
黑洞单极穷奥秘，纤维联络织锦霞。
进化方程孤立异，曲率对偶瞬息空，
筹算竟得千秋用，尽在拈花一笑中。

数学家小传　　陈省身生于浙江嘉兴秀水县，美籍华裔数学大师，20世纪最伟大的几何学家之一，他结合微分几何与拓扑学的方法，完成了两项划时代的重要工作：高斯—博内—陈定理和Hermitian流形的示性类理论，为大范围微分几何提供了不可缺少的工具。这些概念和工具，已远远超过微分几何与拓扑学的范围，成为整个现代数学中的重要组成部分。　他曾长期任教于美国加州大学伯克利分校、芝加哥大学，并在伯克利建立了美国国家数学科学研究所（MSRI）。晚年致力于推进中国数学的发展，在母校天津南开大学创立了陈省身数学研究所。为了纪念陈省身的卓越贡献，国际数学联盟（IMU）还特别设立了"陈省身奖（Chern Medal）"作为国际数学界最高级别的终身成就奖。

菲尔兹奖获得者、著名数学家丘成桐（1949—　）曾作诗一首赠陈省身，他高度赞扬了陈先生对几何学研究的贡献：

几何无双士，拓扑有贤名。

微分宗不变，陈类总其成。

悠悠乐算心，拳拳故园情。

一生竟何缺，千载有余荣。

诺贝尔奖得主、著名物理学家杨振宁（1922—　）也通过诗歌的形式对近代几何提出了自己的见解：

天衣岂无缝，匠心剪接成。

浑然归一体，广邃妙绝伦。

造化爱几何，四力纤维能。

千古寸心事，欧高黎嘉陈。

这首诗提到了一个数学物理观念：纤维丛。所谓纤维丛，粗略地说就是有个空间（底），以及其上每一点都承载着另一个集合（纤维）。无论是在理论物理中，还是在日常生活中，许多对象均可找到纤维丛的对应。它也是现代几何所关注的研究领域。诗中提到的四力，指的是宇宙中存在的四种基本力：引力、电磁力，以及在微观世界里才出现的强作用力和弱作用力。诗人巧妙地揭示了基本物理世界与几何的关系。最后的 "欧高黎嘉陈"

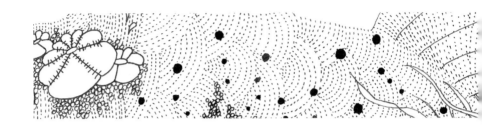

是指在几何历史上做出重大贡献的数学大师：欧几里得和（或）
欧拉、高斯、黎曼、嘉当和陈省身。

　　著名数学家谷超豪（1926—2012）也用诗谈几何：

昨辞匡庐今蓬莱，浪拍船舷夜不眠。

曲面全凸形难变，线素双曲群可迁。

晴空灿烂霞掩日，碧海苍茫水映天。

人生几何学几何，不学庄生殆无边。

　　诗的第二联字面上用到了许多几何理念：曲面、全凸形、线
素、双曲群，实则讲述的是微分几何中两个著名定理。这首诗说
明了几何中变和不变的内在规律及对称优美，并将其拉升到自然
和哲学的层面欣赏，让人豁然开朗。

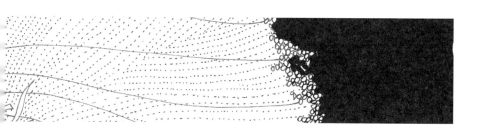

同样文理兼优的中国数学家还有苏步青（1902—2003），他的诗也意趣盎然：

筹算生涯五十年，纵横文字百余篇，
如今老去才华尽，犹盼春来草上笺。

最后欣赏数学家严加安（1941—　）的一首小诗：

随机非随意，
概率破玄机，
无序隐有序，
统计解迷离。

这首诗生动有趣，揭示了概率统计的奥秘。该诗已印在邮票上，供读者欣赏、收藏。

后记

诗数伴我岁年

●

诗话数学是个优美的话题，我不经意地采集了几支，已是香气四溢，缤彩纷呈。在我的生涯里，诗词和数学一直随我度时，伴我前行，让我的生活维度丰富而美好。最后感谢严加安院士为本书提供部分资料，也感谢上海科技教育出版社的编辑王洋为此书的出版倾注了大量心血。

最后以我一首获得第二届"科学精神与中国精神"诗歌大赛二等奖的《满江红·引力波》作为结尾。

弯阔时空，谁知晓，蟾宫暗事。

曲涟漪，纠缠双子，太极迤逦。

爱氏[1]预言非戏语，梵高星画[2]藏谜意。

古来茫，伯玉[3]念悠悠，独伤涕。

飞星舞，冲脉细，天眼锐，寻神际。

露天机，引力颤舒波翅。

银浦[4]不需桥喜鹊，通天何必图巴比[5]。

上苍惊，凡韵奏仙音，人间艺。

[1] 爱氏，指爱因斯坦，其依广义相对论预言引力波的存在。

[2] 星画，指梵高著名画作《星空》。

[3] 伯玉，是唐代著名诗人陈子昂的字，其代表性诗作为《登幽州台歌》。

[4] 银浦，指银河，摘自李贺《天上谣》："天河夜转漂回星，银浦流云学水声。"

[5] 巴比，指巴比塔，也叫通天塔。据《圣经·旧约·创世记》第 11 章记载，当时人类联合起来兴建希望能通往天堂的高塔；为了阻止人类的计划，上帝让人类说不同的语言，使人类相互之间不能沟通，计划因此失败，人类自此各散东西。

1. 易南轩. 当数学遇上诗歌. 北京：科学出版社，2017.

2. 孙梁. 英美名诗一百首. 香港：商务印书馆香港分社，1987.

3. 刘海平. 英美名诗选. 南京：江苏教育出版社，1984.

4. 狄金森著，江枫译. 狄金森诗选. 长沙：湖南人民出版社，1984.

5. 泰戈尔著，郑振铎译. 泰戈尔诗选. 长沙：湖南人民出版社，1981.

6. 谭天建，周式中，石玉. 英美抒情短诗选. 西安：西北大学出版社，1986.

7. 陈丹青笔录，木心讲述. 文学回忆录. 桂林：广西师范大学出版社，2013.

8. 木心. 我纷纷的情欲. 桂林：广西师范大学出版社，2013.

9. 闫月君，高岩，梁云，顾芳. 朦胧诗选. 沈阳：春风文艺出版社，1987.

10. 佩索阿著，金国平，谭剑虹. 费尔南多·佩索阿诗集. 澳门：澳门文化学会，1986.

11. "科学精神与中国精神"诗歌大赛组委会. 种星星的人. 杭州：浙江教育出版社，2018.

图书在版编目（CIP）数据

诗话数学/梁进著. —上海：上海科技教育出版社，
2019.7

ISBN 978-7-5428-7021-6

Ⅰ.①诗…　Ⅱ.①梁…　Ⅲ.①数学—普及读物
②诗集—中国—当代　Ⅳ.①01-49②I227

中国版本图书馆CIP数据核字（2019）第118146号

责任编辑　王　洋　匡志强
装帧设计　李梦雪
插　　图　李梦雪
音频制作　合肥光之羽文化传播有限公司

诗话数学

梁　进　著

出版发行　**上海科技教育出版社有限公司**
　　　　　（上海市柳州路218号　邮政编码200235）

网　　址　www.sste.com　www.ewen.co
经　　销　各地新华书店
印　　刷　上海昌鑫龙印务有限公司
开　　本　720×1000 mm　1/16
印　　张　10.5
版　　次　2019年7月第1版
印　　次　2019年7月第1次印刷
书　　号　ISBN 978-7-5428-7021-6/N·1062
定　　价　45.00元